BIBLIOTHÈQUE DES MERVEILLES

ÉCLAIRS

ET

TONNERRES

PAR

WILFRID DE FONVIELLE

QUATRIÈME ÉDITION

REVUE ET CORRIGÉE PAR L'AUTEUR

OUVRAGE ILLUSTRÉ DE 52 VIGNETTES

PARIS

LIBRAIRIE HACHETTE ET Cie

79, BOULEVARD SAINT-GERMAIN, 79

1885

BIBLIOTHÈQUE
DES MERVEILLES

PUBLIÉE SOUS LA DIRECTION

DE M. ÉDOUARD CHARTON

ÉCLAIRS ET TONNERRES

ÉCLAIRS ET TONNERRES

LES PARATONNERRES DANS L'ANTIQUITÉ

On se tromperait grossièrement si l'on croyait diminuer la gloire des grands hommes auxquels nous devons la création des paratonnerres modernes en montrant que les anciens ont probablement connu les propriétés attractives des pointes et les théories physiques sur lesquelles leur construction est basée. Le mérite de Franklin et de Romas ne sera pas atténué s'il est vrai que les Éduens aient eu l'habitude d'allumer de grands feux autour de leurs bourgades pour se protéger de la foudre en temps d'orages. Le génie des savants qui ont promené dans les airs un cerf-volant électrique n'est pas moins digne d'exciter notre admiration, parce que les Thraces et les Hyperboréens croyaient désarmer les nuées en les perçant de flèches, ou parce que les prêtres égyptiens avaient découvert des moyens plus efficaces d'écarter le feu du ciel des sanctuaires de leurs dieux.

Les Pyramides sont certainement un des plus anciens monuments de l'humanité primitive. Leur nom grec vient du radical *pyr*, qui veut dire feu dans la langue d'Homère. N'est-il pas évident que les précurseurs d'Aristote ont vu ces montagnes de pierre couronnées de flammes mystérieuses?

Une anecdote que nous avons trouvée dans les *Annales de Poggendorf* donne une singulière probabilité à cette supposition ingénieuse. Il y a une trentaine d'années, un physicien européen était parvenu sur la plate-forme qui termine la pyramide de Giseh. Tout à coup l'horizon se couvre de gros nuages orageux; bientôt le savant s'aperçoit qu'un flux de matière fulgurante sort de son doigt, chaque fois qu'il le dresse vers le ciel. Ce courant naturel est assez énergique pour donner naissance à un sifflement très notable, dont il n'est pas difficile de deviner la cause. Pour le rendre plus énergique, il suffit de s'adresser à un objet métallique. Le bouton de cuivre qui garnit la gourde permet à l'Européen d'en tirer de véritables étincelles, qui font entendre une décrépitation énergique.

Les Arabes qui ont servi de guide au Franc se regardent avec terreur. Aucun ne s'imagine que Mahomet lui permette de rester au service d'un enchanteur qui tire la foudre de la bouteille dans laquelle se trouve renfermée la liqueur interdite par le Coran dont il s'abreuve; vite ils décampent, et descendant avec rapidité les marches du monument, ils disparaissent dans le désert laissant l'étranger se tirer comme il le peut de ce sommet, qu'il a eu tant de mal à gravir.

Fig. 1. Effroi de guides arabes au sommet de la grande Pyramide.

Qui oserait prétendre que les collègues de Manéthon et les maîtres de Moïse n'ont point observé des effets analogues? Qui oserait dire qu'ils n'en ont pas compris les conséquences?

En effet, comment expliquer autrement la profusion avec laquelle ils ont prodigué ces aiguilles de pierre autour de leurs temples? Ne faudrait-il pas une grande témérité pour affirmer qu'ils ignoraient que ces immenses obélisques ont la propriété de protéger le sanctuaire qu'elles environnent contre les atteintes des carreaux célestes?

Je ne crois même pas qu'ils auraient commis l'erreur d'un savant qui proposa de couronner l'obélisque de Louqsor d'un pyramidion de métal, paratonnerre placé sur un paratonnerre. Car, en explorant le sol de l'antique Thèbes, les ingénieurs de l'expédition d'Égypte reconnurent qu'un obélisque souterrain avait été enfoui en ce lieu pour ménager à la foudre une issue vers les régions humides. Sur ce monolithe, soigneusement caché dans le sable, ils en avaient placé un autre qui lui servait de prolongement vers la région des nuages.

La science du sacerdoce égyptien ne semble pas avoir été confinée à la terre des Pharaons; car les chroniques sacrées des Juifs nous apprennent que le temple de Jérusalem était tout hérissé de pointes de fer. Josèphe rapporte de plus que le feu du ciel respecta pendant plus de mille ans l'édifice consacré à Jéhovah. La foudre ne toucha ni le premier temple construit par Salomon, ni celui qui fut bâti sur ses ruines au retour de la captivité de Babylone.

Ce n'était pas le hasard ni quelque immunité naturelle qui protégea ce monument pendant une si longue suite d'années. En effet, quand Julien essaya de donner un démenti aux chrétiens et de reconstruire le temple profané par la mort du Sauveur, il oublia de rétablir l'armure qui avait protégé successivement deux édifices et dont il ignorait la puissance. La foudre ne tarda point à détruire les échafaudages et à disperser les ouvriers de l'ennemi du Nazaréen : l'insuccès éclatant du prince qui voulait donner un démenti aux prophéties fut accueilli avec des transports de joie par les chrétiens dispersés dans tous les coins de l'empire. Aucun des philosophes qui combattaient pour les dieux de Platon ne sut répondre que ce prétendu miracle était produit par la loi physique à laquelle le temple des Juifs avait dû pendant si longtemps sa conservation merveilleuse. Elle était éteinte et oubliée pour toujours, la tradition conservée pendant tant de générations dans les sanctuaires alors déserts de la grande déesse. Les philosophes qui voulaient remonter vers un passé à jamais disparu connaissaient par cœur les symboles du paganisme, mais depuis longtemps ils en avaient perdu le sens.

LE TONNERRE DE DIEU

Si nous interprétons littéralement les fragments qui nous sont parvenus des anciens philosophes grecs, nous serons obligés de convenir qu'ils se formaient une idée bien extravagante sur la nature de la foudre. Nous citerons avec orgueil le moindre élève de nos écoles primaires, qui en sait bien plus long qu'Aristote et que Platon sur cette force mystérieuse, puisqu'il connaît l'identité de la matière fulgurante et de l'électricité voltaïque. Est-ce que, depuis l'invention de la machine à roue de verre, nous ne sommes point en état de fabriquer la foudre par un procédé qui vaut peut-être celui des dieux de l'Olympe? Est-ce que nous ne tirons point, avec la plus extrême facilité, des étincelles de la bobine Ruhmkorff, des étincelles de la même nature que les carreaux du maître des dieux.

Cependant nous serons forcément moins orgueilleux si nous comprenons les écrits du disciple de Socrate et du Stagyrite, de Sénèque, de Lucrèce, de Plutarque et de Virgile lui-même autrement que ne l'ont fait les copistes du moyen âge.

Nous avons connu des docteurs, qui pouffaient en racontant à leurs élèves qu'Anaxagore enseignait que la foudre est formée par des particules qui tombent des étoiles. Mais cet illustre philosophe n'avait pas complètement tort, car il y a des cas où le trait de lumière, qu'on confond encore quelquefois avec celui de la foudre, est produit par la chute d'un aérolithe arrivant dans notre atmosphère, tout chargé des frimats du milieu céleste, et s'échauffant jusqu'à l'incandescence, pendant qu'il traverse les plages aériennes, avec une vitesse inouïe, insensée, fulgurante.

Anaximandre n'a pas été moins ridiculisé parce qu'il a commis la faute de prétendre que le tonnerre est formé, au sein même des nuées qui roulent sur nos têtes, par une sorte d'explosion intérieure.

Si l'on a le droit de se montrer sévère pour Épicure, ce n'est pas parce qu'il dit que la foudre est produite simplement par le choc des nuages : car lors des grandes tempêtes les nuées ont bien en réalité l'air de se précipiter les unes contre les autres, avec tant de fureur qu'une semblable opinion n'a rien que de très excusable. Aristote, plus circonspect, se borne à classer avec un soin remarquable les divers feux qui se montrent dans le domaine de l'air, et il arrive à établir des divisions assez semblables à celles que nous avons constituées de nos jours.

C'est surtout dans les livres sacrés des augures que l'on aurait pu trouver des renseignements précieux. En effet, on ne peut lire ce que nous en dit *Cicéron* dans sa *Divination* sans être frappé de la multitude des observations qu'ils avaient dû réunir et compulser dans leur travail.

Ils avaient partagé le ciel en seize régions différentes, et réparti les foudres en classes déterminées par le point du ciel où elles avaient fait leur apparition et par celui où elles avaient disparu.

Nous n'insisterons pas sur les difficultés sans nombres que soulevait l'appréciation de ces deux termes extrêmes, puisque les physiciens modernes, malgré les moyens d'observation dont ils disposent, sont souvent embarrassés pour déterminer le départ et l'arrivée du carreau dont ils étudient les effets.

Nous dirons seulement que les présages les plus heureux étaient donnés par ceux de l'apparition d'une foudre partant de l'orient et revenant s'y éteindre.

Les circonstances de la fulguration étaient étudiées avec une minutie qu'il est peut-être regrettable de voir dédaignée de nos jours. La valeur de chaque foudre était en outre puissamment modifiée par la nature des objets qui étaient frappés. Les principales étaient celles qui touchaient les hommes, les princes, et les temples des dieux. Nous donnerons plus loin des exemples historiques de ces superstitions, qui sont presque légitimes, tant elles sont naturelles, tant le spectale d'un orage de foudre a quelque chose de grandiose.

Nous verrons que la Bible n'est pas moins riche en métaphores, en images que les livres païens.

La foudre n'est pas seulement l'instrument des vengeances de Jéhovah, qui s'en sert pour punir les méchants, elle est la voix du Tout-Puissant lorsque, caché derrière les nuages, comme un monarque de l'Orient derrière un rideau destiné à voiler sa majesté, il fait entendre sa volonté à son peuple.

La foudre était aussi le signe manifeste de son assentiment, et c'est dans ce sens qu'il faut expliquer celles qui ont accompagné la promulgation de la constitution qu'il donnait aux Hébreux. N'est-ce point à l'imitation de cette symbolique que toutes les nations civilisées ont pris l'habitude de remplacer les foudres, qu'elles ne savent point encore tirer du ciel, par de vulgaires salves d'artillerie.

On trouverait chez les païens la trace des mêmes préoccupations. Aussi Cicéron nous apprend que toutes les foudres n'étaient pas *monitoires*, c'est-à-dire lancées pour prévenir les hommes des décrets des destins.

Il y en avait aussi qui étaient *fatales* c'est-à-dire qui consacraient certains lieux, et qui soulignaient certains actes. Au nombre de ces dernières se trouvaient celles qui avaient éclaté lorsque Romulus avait creusé les fondations de la ville éternelle. La durée de leur effet variait suivant les circonstances, quelques-unes devaient durer cinq ans, d'autres devaient durer toujours. Bien entendu celles que nous venons de citer appartenaient à l'espèce des plus solennelles.

Lorsque des bois avaient été visités par la foudre, les pontifes romains avaient également l'habitude de les consacrer à un des dieux qui avait le droit de la lancer, et qui étaient au nombre de neuf, dont on nous pardonnera de ne pas donner les noms.

Un des points principaux de l'art des *fulgurateurs* était de discerner, d'après la couleur du feu, son étendue, sa forme, sa durée, ses effets, à quel dieu il pouvait être attribué.

La branche de la science augurale qui avait trait au plus poétique et au plus émouvant des phénomènes naturels était donc de la plus grande complication. Précisément à cause de l'étrange incertitude dont elle était accompagnée, elle se prêtait merveilleusement aux petits calculs des pontifes, qui faisaient servir le ciel à perpétuer leur domination. Mais tous les faits que nous citerons dans ce livre concourront à démontrer qu'au lieu d'être un instrument d'un pouvoir rémunérateur et dispensateur de châtiments ou de grâce, la foudre est enchaînée par des nécessités physiques absolues. Il n'y a pas de lieu qu'elle visite où elle n'ait été attirée par des causes matérielles que notre science, si elle était plus profonde, arriverait à déterminer d'une façon positive.

LA FOUDRE ET LE PARNASSE

Il n'est pas de poète ancien et moderne qui n'ait décrit à sa manière les phénomènes fulguraux ; on pourrait à ce propos publier une très curieuse anthologie. Nous allons, faute de place, nous borner à citer deux auteurs fameux choisis dans le Parnasse latin.

Quoique Lucrèce soit un détestable physicien, ainsi que nous le montrons dans le *Monde des atomes*, nous devons lui savoir gré de l'élégance avec laquelle il décrit une propriété importante qu'Aristote connaissait bien, celle de l'éclair qui frappe les yeux plus rapidement que le bruit du tonnerre n'arrive à l'ouïe. Voici dans quels termes il s'exprime :

> L'éclair brille au moment où le choc de la nue
> A délivré la flamme en son sein retenue ;
> C'est ainsi, d'un caillou, déchiré par le fer,
> Que l'étincelle sort et s'élance dans l'air.
> La foudre emplit les cieux d'une flamme vermeille
> Avant que son tonnerre ait frappé notre oreille !
> Son éclat, à nos yeux, se peint, au même instant,
> Mais le choc au tympan arrive lentement.
> Vois de loin l'émondeur dont la hache mutile
> De l'arbuste infécond la parure inutile :
> Du coup qu'il a porté l'œil a suivi l'essor,
> Les rameaux sont tombés, le bruit chemine encor !
> D'un vol inégal, la foudre et la lumière
> En deux temps différents, suivent leur carrière.

Lucain est moins savant, mais les descriptions des

coups de foudre de sa Pharsale respirent un véritable sentiment de la nature.

César veut poursuivre son succès, sa tentative impie contre les libertés du peuple et du sénat. Il faut qu'il ne laisse pas d'ennemis derrière lui. Il doit vaincre la résistance des Massaliotes, qui, contrairement à la doctrine et aux habitudes des Grecs, sont restés fidèles au malheur. Une forêt vierge couvre les hauteurs qui dominent la grande cité. César ne la respecte pas. Les arbres gémissent sous la cognée des légionnaires : mais les gémissements des nymphes ne peuvent apitoyer le Romain qui foule aux pieds les lois de Rome. Les marchands de coups d'État n'ont pas d'âme. Les arbres semblent se prêter un mutuel appui; quoique séparés des racines, les troncs se tiennent debout plaintifs, menaçants, terribles. Mais cela ne suffit point pour arrêter les complices d'un tyran qui veut asservir sa patrie, les soldats de César continuent leur œuvre. On voit apparaître des lumières produites par les énergies cachées de la terre, Castor et Pollux apparaissent! Le feu des fils de Léda se suspend aux chênes !

> Et César aperçoit que la feuille étincelle ;
> Un feu froid et blafard voltige au-dessus d'elle !

Aussitôt une pluie diluvienne trempe jusqu'aux os les légionnaires insurgés contre la liberté romaine !

> Le nuage vomit mille éclairs déchirants,
> Dont l'air éteint les feux par dix mille torrents !

Les éléments ne savent s'entendre, et le coupable

échappe parce que la fureur de la nature est trop grande. Si l'eau et le feu n'eussent été mélangés, l'un ou l'autre eût suffi pour arrêter César.

César, vainqueur des Massaliotes, se trouve dans la barque à laquelle il confie sa fortune ! Une trombe épouvantable éclate. Elle va cette fois engloutir l'homme qui a osé rêver l'empire ! Rome est sauvée ! Jamais il ne se trouvera un autre César capable de devenir le maître du monde ; si ce brigand échoue nul autre ne pourra réussir ! Commode, Néron, Domitien, tous ces tyrans d'aventure qui, de chute en chute, de honte en honte, conduiront Rome dans les mains des Barbares, vont être écrasés à la fois.

> Le ciel est surchargé de vapeurs accablantes,
> Sous le poids du nuage il ne peut résister ;
> La vague redressant ses crêtes turbulentes,
> Va chercher le nimbus qui paraît hésiter.

Nous renonçons à suivre le poète dans la description qu'il donne de cet affreux mélange des vapeurs et des vagues. Notre plume ne saurait décrire les présages qui accablent les Pompéiens d'Afrique avant l'arrivée de César. Combien ils devaient être supérieurs aux tristes soldats du despotisme, aux complices du grand égorgement, ces héros que tant de signes funestes n'ont point ébranlés. En effet, sachant que leur cause déplaît aux dieux, ils ne la chérissent que plus et ils s'apprêtent, avec le même sang-froid que s'ils étaient sûrs de vaincre, à combattre pour elle dans l'autre monde.

Terminons cette trop courte analyse en citant la description que Lucain donne du tertre que la foudre de Jupiter vient de visiter, de ce gazon qui cache les restes du grand Pompée. Lucain ne veut point que l'on trouble cette humble tombe rustique. Il veut protéger le vaincu de *Pharsale* contre de brillantes funérailles :

> Ta gloire souffrirait d'un éclat ridicule,
> Et l'on t'insulterait en ornant ton cercueil.
> En te servant de tombe, un humble monticule
> A sauvé ta fortune et vengé ton orgueil !
> Ce vil rocher, battu par le flot de Libye,
> A déjà triomphé des trophées du vainqueur.
> Le héros qui refuse au tyran d'Italie
> Et la pourpre et l'encens, et son bras et son cœur,
> Arrosa ce gazon de pleurs à ta mémoire,
> Un foudre y vint aussi, rendre hommage à ta gloire
> Pour honorer tes os, se dérobant aux cieux
> Et mélangeant ses feux à ta cendre en ces lieux.

LES DEUX ÉLECTRICITÉS

Pendant longtemps on a raillé l'opinion du Stagyrite, qui croyait la terre enveloppée du plus pur des éléments, du seul qui fût incorruptible, du feu éternel. Cependant depuis que l'homme, grâce au génie de Montgolfier, a su pénétrer dans les régions si longtemps inaccessibles à la science, on a reconnu qu'une substance de la nature du fluide mystérieux des anciens se tient dans les régions supérieures de l'air. On dirait que le génie du maître d'Alexandre a deviné cette électricité subtile, dont la tension augmente à mesure que celle de l'air diminue.

En effet les voyageurs aériens qui sont parvenus dans la région où se tiennent les nuages striés, rubanés, que nous voyons planer en un beau jour d'été au sommet de l'air, ont été enveloppés de myriades d'aiguilles solides formées par de l'eau solidifiée.

Inconcevables phalanges de poussières tellement imprégnées d'un froid intense qu'elles brûlaient l'épiderme des mortels égarés dans les plis des merveilleuses chaînes, des rubans gigantesques qu'elles forment!

Les phénomènes optiques ont confirmé les résultats de ces explorations merveilleuses. En effet, ils ont montrés que ces corps filamenteux à travers lesquels nous voyons la lumière du soleil, comme derrière un voile de gaz ne peuvent être formés que par d'étranges diamants sculptées d'après la forme caractéristique appartenant à la glace.

Quoique très fins et par conséquent très légers, ces corps ne peuvent être soutenus par le frottement qu'ils éprouvent dans un milieu si rare.

Si elles étaient abandonnées à elles-mêmes, ces étonnantes aiguilles plus nombreuses que les grains de sable du Sahara, se fondraient en approchant de terre, et inonderaient toutes les plaines du monde.

En même temps mille phénomènes, sur lesquels nous n'avons point à nous étendre ici, prouvent que l'intérieur du sol est imprégné d'un autre fluide également puissant, qui représente l'électricité sous son autre face, que nous nommerons fluide négatif, si nous appelons positif celui des hautes régions, fluide femelle si l'autre représente à nos yeux le fluide mâle.

Si les deux fluides, dont nous examinons plus amplement la nature dans *le Monde des atomes*, étaient libres d'obéir à leurs affinités naturelles, ils se confondraient dans un immense éclair. Mais les deux régions où règnent ces puissances, si avides l'une de l'autre, sont séparées par l'air, qui lorsqu'il est sec est le plus efficace de tous les remparts, et qui remplit alors le même rôle que le verre de ce petit instrument qu'on nomme la bouteille de Leyde.

Au point de vue électrique on ne peut trouver aucun objet auquel la terre ressemble plus complètement. L'armature chargée d'électricité positive plane au-dessus de nos têtes, et c'est sur l'autre, chargée d'électricité négative que reposent nos pieds.

Le fluide positif masculin qui flotte dans les régions supérieures ressent peut-être les changements réguliers de vitesse qu'éprouve la terre dans son orbite, l'approche des planètes voisines, le passage de comètes égarées dans nos plages, les taches apparaissant à la surface de notre soleil, quelquefois même les effets de la collision de notre terre et de quelque planète minuscule écrasée sous ses pas !

La puissance propre au fluide intérieur féminin se peut augmenter par suite de réactions mystérieuses qui s'accomplissent dans l'intérieur encore inexploré du monde souterrain de ce grand laboratoire inconnu d'où viennent les tremblements de terre et d'où sortent les laves.

Alors les fluides s'échappent de leur prison et se précipitent l'un vers l'autre. Tantôt c'est le feu du ciel qui descend vers la terre, tantôt c'est le feu de la terre qui monte vers le ciel. Quelquefois chacun des éléments fait la moitié de la route.

Une effluve brillante sort des objets inertes, une flamme brûlante se dégage des êtres animés, des pierres, de l'eau elle-même. La merveilleuse apparition qui jaillit du sol produit les mêmes effets que la boule de feu qui descend du firmament. Presque toujours le spectateur de ces scènes émouvantes est bien loin de pouvoir observer les règles tracées par les augures; il ne peut deviner si c'est la terre qui a foudroyé le ciel, ou le ciel qui a foudroyé la terre.

Nous sommes trop portés à croire que quelque ressort s'est dérangé dans l'admirable machine du monde. Mais rassurons-nous, le grand architecte de l'univers a si bien combiné les effets de sa physique qu'il n'a pas besoin d'intervenir. L'ordre de la nature ne sera point modifié. L'orage qui a fait vaciller notre raison pourra laisser derrière lui quelques traces fugitives sur la terre, mais le ciel reprendra sa sérénité, et bientôt l'océan jouira de son calme habituel. Un air plus frais pénétrant dans nos poumons soulagera notre poitrine.

LES NUAGES ET L'ÉLECTRICITÉ

« Montrons pendant quelques minutes, aux regards des hommes, notre face qui change à chaque instant et qui cependant durera autant que l'éternité! Élançons-nous frémissantes du sein de notre père Océan! Gravissons sans perdre haleine le sommet neigeux des montagnes! Soutenons-nous à ces hauteurs d'où nous ne pouvons plus apercevoir notre image réfléchie sur le miroir azuré des mers! nous cessons d'entendre le son grave murmuré par les flots, mais nous pouvons écouter la sublime harmonie des fleuves divins. Que notre rôle est merveilleux! N'est-ce point nous qui avons reçu de Jupiter la mission de faire briller aux yeux des hommes toutes les richesses du firmament? N'est-ce point de notre sein fécond que tombent les pluies qui mettent en mouvement le cycle de la vie terrestre? Enfin, n'est-ce point nous encore qui protégeons la nature créée par les dieux contre la plus cruelle des destinées? Ne sommes-nous point la fragile enveloppe séparant le monde vivant du domaine de la mort éternelle? »

Voilà certes un magnifique langage. Cependant il fut employé par Aristophane, qui le prêta aux Nuées pour tourner en ridicule Socrate et sa philosophie. Il prépara les voies à la ciguë!

Dans la haute région où les bruits de la terre ne sauraient parvenir, la nuée est calme, majestueuse, homogène. Elle prête son large flanc à tous les caprices de l'aéronaute qui peut les mesurer à son aise à l'aide de son sac de lest et de sa soupape qui trouve dans leur sein une multitude de teintes, elles nagent majestueuses, paisibles dans d'immenses couches d'air.

Mais, au contact des rocs que la terre a vomis en un jour de colère, ils deviennent violents et rageurs. Ils se cramponnent avec une énergie désespérée. Leur électricité s'élance vers celle que ces pointes orgueilleuses puisent par leurs racines profondes.

Dans les Alpes, j'ai trouvé des cumulus qui ne làchaient point prise sans offrir une héroïque résistance, et quelquefois lorsqu'ils cédaient, c'était en faisant entendre une dernière protestation, un violent coup de tonnerre.

Mais ce sont toujours ces masses flottantes dont les

Fig. 2. Petit nuage des Alpes adhérant à une cime.

dimensions confondent parfois notre raison qui servent de véhicule à l'électricité.

Car ce qui produit surtout les phénomènes merveilleux que nous avons à décrire, ce sont les changements de conductibilité de la couche atmosphérique dont la puissance isolante est alors diminuée. Elle est souvent trahie par l'eau qu'elle dissout et qui, lorsque le soleil cesse de la soutenir se change en nuages, en vapeurs insensibles, en brouillards, en pluie, en neige ou en grêle, prend mille formes différentes, toutes également dangereuses.

A la fin du siècle dernier, Beccaria, savant moine italien, a passé sa vie à observer l'électricité des nuages dans ce joli palais du Valentino, construit par une princesse française sur les bords del'Éridan, près de Turin et des régions ou Phaëton foudroyé fut pleuré par les Muses. En employant un électromètre très simple et très facile à manier, il a reconnu qu'une force immense, terrible, réside quélquefois dans ces jolis cumulus qui produisent un si poétique effet lorsqu'ils nagent dans le beau ciel d'Italie.

Un roulement continu d'étincelles sautillait d'un fil à l'autre dès que la moindre tache blanchâtre marbrait son zénith.

Quoi que le Valentino ne possède pas moins de sept toits pyramidaux semblables à celui sur lequel le savant physicien avait établi son laboratoire, il ne comptait pas en moyenne moins de sept explosions par minute. L'exemple suivant que j'ai trouvé dans les *Annales de Poggendorf* va nous prouver que des milliers de foudres obscures anonymes, sont soutirées du ciel par des milliers de pointes travaillant sans relâche à diminuer la tendance du fluide qui remplit les régions supérieures de l'air.

Un photographe de Berlin avait son objectif braqué sur une statue de bronze représentant une amazone qui terrasse un serpent et le frappe de sa lance. En développant son cliché, le disciple de Daguerre aperçoit un trait noir qui aboutit au sommet de l'arme de la guerrière. Une foudre obscure invisible mais cepen-

dant douée d'un pouvoir photogénique suffisant pour
impressionner le collodion sensible a passé pendant
la pose.

Le fait que nous avons signalé dans notre première
édition et commenté dans l'*Électricité* lorsque nous
dirigions ce journal, n'a point été perdu pour tout le
monde; nous voyons qu'en se postant habilement, des
photographes sont parvenus à saisir au vol des coups
de foudre réels dont ils ont pu tirer un cliché. En
effet un savant météorologiste des États-Unis a publié
dans les *Comptes rendus* du mois de décembre 1884
la photographie d'une trombe terrible qui avait éclaté
aux États-Unis, au mois d'août précédent.

A notre insu, les sources de l'électricité naturelle,
sans cesse régénérées par la vie céleste de la terre,
fournissent toujours un aliment à ces décharges silen-
cieuses, mille fois plus abondantes que les déflagrations éclatantes.

Lorsque des nuées formidables, denses, noires,
épaisses de plusieurs milliers de mètres voguaient au
zénith du Valentino, Beccaria aurait vu passer la
foudre elle-même si, par prudence, il n'avait interrompu son travail.

Mais le génie humain ne s'arrête jamais devant l'impossible. On mesurera la cargaison électrique de ces
masses terrifiantes, on donnera un jour aux aérostats
une forme assez stable pour que l'on puisse promener
dans la nuée orageuse les instruments qui ne pourraient être maniés sans danger à la surface de la
terre. Un des premiers et des plus utiles objets auxquels les ballons dirigeables serviront bientôt sera de
sonder les épais stratus qui, lorsqu'on les interroge

de terre donnent des résultats précaires, incertains.
En effet Quetelet, le savant directeur de l'observatoire
de Bruxelles, a passé sa vie à déterminer les changements de signe que constataient les électromètres sans
formuler clairement les lois des transformations de
l'électricité positive en électricité négative. M. Palmieri,
à son observatoire du Vésuve ne paraît pas avoir été
plus heureux malgré son admirable persévérance.

ÉCLAIRS DE CHALEUR

L'apparition de l'aurore boréale est un phénomène
majestueux, grandiose, qui a toujours excité la plus
grande surprise. Nous ne nous rappellerons jamais
sans émotion le spectacle auquel nous avons assisté
pendant les jours les plus tristes du siège de Paris,
peu de jours avant que l'*Égalité* nous permît de
forcer triomphalement le blocus prussien en plein
jour.

Mais nous ne voyons ces flammes immenses que de
loin et obliquement, au travers d'une atmosphère sur-
chargée de vapeurs. C'est dans les régions polaires
qu'il faut admirer ces splendides illuminations qui
récompensent les voyageurs des périls qu'il courent
ainsi que de leurs longues souffrances. L'étude de ces
phénomènes gigantesques, de ces feux Saint-Elme qui
éclatent aux deux sommets de notre terre nous entraî-
nerait trop loin.

Nous laissons ces éclairs merveilleux, trop majestueux pour nous, en dehors de nos études actuelles

plus modestes et plus humbles, mais cependant encore immenses.

Nous nous demanderons ce que sont ces lueurs poétiques, que l'on nomme éclairs de chaleur, et que l'on aperçoit à la chute du jour, le plus souvent en été.

Quelquefois ce sont incontestablement des décharges innocentes, humbles sœurs, de celles que nous n'osons décrire. On les comparera à ces deux éclairs que l'on emprisonne dans des tubes vides d'air et qui excitent avec raison l'admiration des physiciens.

Mais souvent ces lueurs poétiques que Théocrite chanta si bien sur ses pipeaux champêtres, sont le reflet de coups de foudre éloignés provenant d'orages qui sont encore sous l'horizon, et dont les éclairs sont répercutés par les miroirs atmosphériques dans des régions où le bruit de la foudre ne pénètre pas encore.

Ce sont très souvent des symptômes plus certains que les avertissements du Bureau central.

Qu'il serait facile d'être fixé à cet égard si l'on interrogeait des stations distantes, si l'on appuyait le service des prévisions sur un vaste quadrilatère destiné à l'étude des phénomènes fulguraux. Mais malgré les progrès dont la publication de nos éditions successives a donné le signal, cette méthode n'a pas été mise à l'ordre du jour du ministère des postes et télégraphes, et chacun peut juger les imperfections de la méthode dans laquelle n'entrent pas les renseignements que fournit l'électricité.

LES NUÉES ÉTINCELANTES

On trouve dans des auteurs très sérieux des observations qui montrent que certains stratus sont semés d'un feu qui court réellement à leur surface. L'abbé Rozier, un des plus savants électriciens du siècle dernier nous apprend que, le 15 août 1871, il a vu une nuée couverte d'une belle teinte de phosphore. Seize années plus tard, Nicholson, physicien non moins digne de foi, admire un nuage qui était d'un beau bleu foncé et dont les bords brillaient d'un magnifique rouge pourpre.

Les *Comptes rendus* de l'Académie des sciences nous apprennent que le 8 juillet 1884 un homme malade était couché dans son lit, auprès duquel se tenait une femme occupée à allaiter son enfant, lorsqu'un grand bruit se fit entendre ; sans que la porte s'ouvrît, les deux personnages virent entrer une masse de feu qui disparut comme elle était venue. Elle ne laissait de son passage qu'une trace insignifiante, excepté dans l'esprit des deux pauvres habitants de cette chambre maudite, qui furent quelque temps à se remettre de la frayeur qu'ils avaient éprouvée.

Beccaria à Turin et de Luc à Londres ont observé et décrit des illuminations célestes venant de ces brouillards électrisés. Quelques-unes de ces lueurs, surtout en hiver, dans l'intervalle de deux orages de neige, étaient assez intenses pour qu'il fût possible de lire des ouvrages imprimés avec des caractères ordinaires.

L'illustre moine de Turin croyait que cette substance lumineuse était la matière phosphorescente qui se montrait dans l'intervalle des molécules de vapeur dont la nuée était formée.

Peltier, autre observateur modèle, reconnaissait pendant le jour la nature de l'électricité dont les nuages étaient chargés à la forme qu'ils affectaient. Les nuages positifs, imprégnés du fluide des hautes régions étaient ronds, denses, compactes, concentrés, en un mot les cumulus d'Howard. Ceux à qui la terre avait communiqué son fluide négatif étaient semblables à ceux que l'on désigne d'après ce météorologiste sous le nom de stratus.

Si les habiles physiciens dont nous venons de citer les noms avaient eu à leur disposition les aérostats et le télégraphe électrique pour observer simultanément de différentes stations le même objet atmosphérique, ils ne se seraient pas borné à ces remarques, qui ne sont que le premier chapitre d'une science féconde.

Si nous avons eu le bonheur de rencontrer quelques idées justes dans notre courte analyse des phénomènes de la foudre nous avouerons humblement que nous le devons aux promenades aéronautiques que nous avons faites, hélas, bien moins souvent que nous ne le désirions.

Nous plaignons sincèrement les physiciens, qui sont condamnés à écrire sur ces matières sans avoir immergé leur poitrine terrestre dans l'humide rosée; s'ils avaient commencé par le faire, on ne verrait pas les plus illustres attacher tant d'importance à des opinions préconçues.

Du reste, quelque opinion que l'on ait sur ces matières, du moment qu'on a couru les nuages on doit les considérer comme formés la plupart du temps de petits globules distincts flottant dans l'air comme autant de petits ballons et séparés par des intervalles où il n'y a que de l'air.

La belle expérience des carreaux étincelants, que l'on exécute dans tous les cours de physique, est le type d'un des innombrables modes de décharges de l'immense bouteille de Leyde dont nous habitons l'armure intérieure.

CASTOR ET POLLUX.

Sénèque rapporte dans ses *Questions naturelles* qu'une étoile se montra sur le front de chacun des Dioscures pendant la grande tempête qui faillit arrêter l'expédition des Argonautes. Plus tard les deux fils de Léda furent élevés au rang des dieux, et même placés au ciel, où ils furent changés en étoiles qu'invoquaient les navigateurs comme des divinités tutélaires.

Non contents de les adorer ainsi, les marins donnèrent leur nom aux flammes qui apparaissaient quelquefois à l'extrémité des mâts de leurs galères. Ces lueurs mystérieuses étaient constamment considérées comme étant d'un favorable augure. Les historiens ne manquaient jamais d'en prendre note.

Plutarque raconte avec émotion que les matelots de Lysandre virent un feu se placer de chaque côté de la galère de ce général au moment où il sortit du port de Lampsaque. Suivant le naïf écrivain, c'était un présage qui annonçait qu'il devait réussir à surprendre la flotte athénienne dans la rade d'Ægos-Potamos. Procope n'a pas moins d'enthousiasme lorsqu'il rapporte que les piques des soldats de Bélisaire lancèrent des étincelles pendant qu'il préparait sa grande expédition contre les Vandales.

Quoi qu'il eût la prétention d'être un esprit fort, César ne néglige pas de nous apprendre que les pointes des javelots des légionnaires de sa cinquième légion se couvrirent de flammes pendant la guerre d'Afrique, où il se rendit après Pharsale, pour couronner le naissant édifice de son impériale fortune.

Sénèque raconte comme un présage étrangement significatif qu'une étoile vint voltiger sur le bouclier de Gylippe, lorsque ce général se préparait à lutter contre Nicias et Démosthène, les deux généraux qui conduisaient les Athéniens au siège de Syracuse.

Sous le nom de saint Elme, le martyr saint Erasme qui périt sous Doclétiens, les marins levantins aimaient à invoquer l'héritier des Dioscures.

L'apparition des feux du saint à l'extrémité des vergues a été constatée dans un grand nombre de circonstances curieuses. Ils se sont montrés en octobre 1493 pendant le second voyage de Christophe Colomb. Il pleuvait très fortement, et sept flammes s'allumèrent à la fois sur le mât de perroquet. Les matelots, en les voyant surgir, se mirent à chanter des hymnes pour remercier le ciel de ce que le danger était passé.

Deux siècles plus tard le même phénomène s'offrit au chevalier de Forbin, amiral français, qui croisait dans la Méditerranée et se trouvait dans les environs de Malte. L'amiral nous apprend qu'il s'alluma plus de trente feux par un ciel très noir, au moment où, craignant une grande tempête, qui ne vint pas, il avait fait carguer toutes ses voiles.

Si le chevalier avait conduit les flottes de Lacédémone romaine, il aurait pu lire ses futures victoires dans ce présage, mais il connaissait la physique de Descartes et comptait au nombre des curieux de la nature. Il fit donc enlever la tige de fer qui était attachée à son dernier mât de perroquet, pour voir si l'émission lumineuse serait interrompue, mais la gerbe jaillit du bois, comme elle jaillissait du métal. Elle ne s'arrêta qu'à la naissance du jour. Les premiers feux de l'aurore montrèrent une galère de Venise, qui allait ravitailler les troupes du prince Eugène et à laquelle le vaillant amiral donna la chasse avec son énergie ordinaire.

Au mois de mars 1866, une flamme brillante s'installe au bout du grand mât d'un vapeur en fer qui naviguait dans les eaux de la Manche. Le capitaine voit un bouquet de flamme briller à l'extrémité du beaupré. Plus instruit que Forbin, ce marin connaît les propriétés du feu Saint-Elme, au lieu de songer à l'arrêter, il a la curiosité d'en faire l'étude. Il se glisse donc le long de cette poutre inclinée et arrive jusqu'au point où la matière fulgurante s'élance dans l'espace.

Un peu ému par la nouveauté du spectacle, il approche la main de ce foyer merveilleux ; sa surprise

Fig. 5 — Feux Saint-Elme observés par l'amiral Forbin, près de Malte

ne tarde pas à être extrême, il s'aperçoit que cette flamme si brillante ne rayonne aucune quantité de chaleur appréciable. Son corps sert de conducteur au fluide, ses doigts deviennent subitement électriques. O merveille! c'est du bout de ces ongles que sort le feu qui est lancé dans les airs. Il ne ressent aucune secousse; il n'éprouve aucune commotion, et cependant il sert d'ajutage vivant à ce courant de matière lumineuse. C'est par son corps que passe, sans brûler, le feu mystérieux qui coule pendant tout le temps de la tempête. Combien aurait-on pu nourrir de tonnerres avec la substance qui filtra à travers les organes de ce hardi marin? Jamais peut-être on n'était encore parvenu à constater d'une façon aussi complète les liens intimes qui rattachent les feux Saint-Elme aux orages; car ce jet de flammes inexplicables suivait fidèlement toutes les péripéties de l'orage. Chaque fois que le vent redoublait, que la pluie tombait avec plus de fureur, on voyait la lumière innocente augmenter de splendeur.

Le lendemain, on s'empresse d'examiner les mâts; on s'aperçoit, non sans surprise, que les phénomènes de la nuit n'ont laissé aucune trace ni sur la peinture, ni sur le vernis lui-même. Si les passagers et l'équipage n'eussent donné leur témoignage, le capitaine aurait passé pour un halluciné, aux yeux des autres sûrement, et peut-être à ses yeux même.

LES GLOIRES

Les anciens, qui faisaient intervenir la foudre dans tous les actes de la vie publique et privée, ne pouvaient supposer qu'elle négligeât de se faire entendre dans les grandes circonstances, lors de la naissance des héros où des princes, des philosophes ou des plus fameux scélérats.

Il y avait dans les mains de Jupiter des carreaux en réserve pour toutes les éventualités, pour tous les événements fastes ou néfastes, présents, futurs ou passés.

Les aruspices, fort bons courtisans de leur nature, voyaient dans chaque coup une occasion de réchauffer l'enthousiasme populaire.

Le tonnerre ayant retenti près du Capitole lors de la mort de César, on déclara, quand Brutus eut pris la fuite, que le ciel manifestait ainsi sa colère, et annonçait sa défaite.

Lors de la proclamation de l'empire romain, on se rappelle que des foudres avaient frappé Velletri, patrie d'Auguste, au moment de sa naissance. Les aruspices s'emparent de cette vieille foudre oubliée pendant près d'un demi-siècle. Ils déclarent que les dieux avaient employé ce moyen pour prévenir les Romains que leur futur maître venait d'être mis au monde.

Quand Auguste dut cesser de faire le bonheur du peuple romain, Jupiter s'émut encore. Suivant les devins pensionnés par l'empire, le dieu ne voulut pas priver la ville éternelle de ce prince sans envoyer une foudre monitoire. Un carreau visitant le Capitole enleva à l'inscription de sa statue la première lettre de son nom quelques jours avant qu'il ne rendît le dernier soupir.

Il n'est point jusqu'à la mort de Claude, cet empereur sachant à peine être ridicule, pour laquelle on ne trouvât également à exploiter un petit tonnerre de circonstance. Le feu du ciel tomba sur la statue de Drusus, le premier mari d'Agrippine, quand son imbécile successeur fut mis au rang des immortels. Les augures eurent peut-être plus de mal que d'ordinaire à se regarder sans rire, mais ils déclarèrent, sur la foi des livres sibyllins, que c'était un heureux présage. Ils annoncèrent à Agrippine ravie que Néron ferait les délices du genre humain et de son incomparable mère.

Si nous voulions nous mêler après coup du métier d'aruspice, quel parti ne tirerions-nous pas de l'orage du 8 avril 1866? dont nous avons décrit quelques-unes des phases. Le génie de la Liberté foudroyé au haut de la colonne de la Bastille n'était-il pas un indice des épreuves que l'avenir réservait à la France?

M. de Bismarck, qui ne laisse jamais rien traîner, n'eut aucun des scrupules qui nous arrêtent encore. Il ne manqua point de s'emparer d'un coup de foudre éclatant au moment où il haranguait les Berlinois après la bataille de Langensalza. « Ne voyez-vous pas que le ciel est avec nous » dit-il en montrant la nue qui venait de s'ouvrir.

Quelquefois la superstition empêche de verser le sang. Après la bataille d'Amoofiel les devins des

Achantis continuèrent à appeler les malédictions du ciel sur l'armée envahissante.

Les dieux semblèrent se rendre à la prière de leurs sanglants adorateurs, car un orage épouvantable éclata avec une fureur que les tempêtes tropicales atteignent rarement. Kalkali s'attendait à voir les blancs anéantis par les fétiches. Mais la foudre respecta leurs bataillons. Dès lors les Achantis comprirent que la résistance était vaine et que le seul parti raisonnable était de fuir.

Pendant que les Troyens pleuraient la mort de Creüse, des flammes apparurent sur la tête du jeune Ascagne. Le vieil Anchise, qui n'aurait obéi au même sentiment, se consola de la ruine de Troie. Il lui sembla lire dans ce présage l'avenir réservé à la race de l'infortuné Priam. Pompélie, fille de Numa, aurait cru que son enfant brûlait dans son berceau quand il n'était entouré que d'une flamme inoffensive dont le seul but était de faire connaître sa grandeur future. Tite-Live rapporte qu'il en fut de même de Servius Tullius, et que ce présage fut constaté au moment où, sa mère étant encore esclave, on ne pouvait guère soupçonner qu'il était destiné à monter sur le trône de Romulus.

Nous n'en finirions pas s'il nous fallait enregistrer les noms de tous les personnages sacrés ou profanes autour de la tête desquels on a vu des gloires, plus ou moins analogues à celle qui a été aperçue, sans doute, autour de la tête du Christ par ses apôtres lors de sa transfiguration sur le Thabor.

Nous avons dessiné une de ces apparitions qui nous a paru offrir des conditions d'authenticité particulières.

L'abbé Rozier rapporte dans son *Journal de phy-*

Fig. 4. Jallabert, compagnon de de Saussure, a la tête environnée d'une gloire.

sique que de Saussure était sur les montagnes du Valais avec quelques-uns de ses amis lorsqu'un orage vint à se former à un niveau inférieur. Quelle ne fut pas la stupéfaction de tous ces voyageurs parfaitement dignes de foi de voir qu'une gloire se fixait autour de la tête de l'un d'eux nommé Jallabert.

Le professeur Fonkell, d'Upsal, étant sorti à cheval pendant une forte neige, vit distinctement une lueur apparaître à l'extrémité de son gant lorsqu'il tenait un doigt en l'air. Un point lumineux semblait planer au-dessus de son index, sur lequel il lançait un rayon de couleur pâle.

Nous lisons dans l'histoire naturelle de Northampton que Nicholson vit pendant plusieurs heures la tête de son cheval tout en feu. Le même phénomène fut constaté par un officier français la veille des batailles de Pulstok et Golymin, le 24 décembre 1806, en Pologne. Au Sénégal, seize ans plus tard, M. Raffenel montait un cheval dont la queue devint lumineuse. Les nègres, qui sont les plus hardis des hommes en matière de superstition, s'imaginaient que le cheval était de nature supérieure à celle de son maître. Dans l'antique Rome on eût déclaré que M. Raffenel était un favori des dieux, on en aurait peut-être fait un consul, tandis que les Sénégambiens auraient fusillé le cavalier pour ériger un temple à sa monture.

Le 8 mai 1831 des officiers d'artillerie et de génie qui se promenaient sur le fort Bab-Azoun, un jour où le temps était à l'orage, remarquèrent avec étonnement qu'ils avaient les cheveux hérissés de petites aigrettes lumineuses comme s'ils étaient placés sur le plateau d'une machine électrique.

MM. Peyter et Houssard, qui ont exécuté dans les Pyrénées des voyages analogues à ceux de de Saussure dans les Alpes, ont été si souvent enveloppés par des orages formidables qu'on les croyait perdus. Plusieurs fois leurs cheveux et les glands de leurs casquettes se dressèrent. Ils répandirent une vive lumière accompagnée de sifflements prononcés ; un canon de fusil laissé en dehors de leur tente présentait des traces de fusion, et ils trouvèrent des traces de carbonisation sur un piquet de bois planté en terre.

Le fait suivant, s'il était vrai, serait en contradiction avec l'opinion assez répandue qui veut que les aéronautes soient à l'abri des effets de la foudre.

Le Testu, qui a fait, paraît-il, en 1786, une ascension nocturne, serait resté pendant trois heures au milieu d'un orage. Le docteur Sestier rapporte dans son traité de *la Foudre*, que les dorures de son drapeau étaient couvertes d'étincelles, et que son drapeau aurait été percé de petits trous.

Ces observations mériteraient d'être reprises avec toutes les précautions qu'elles comportent.

FEUX FOLLETS ÉLECTRIQUES

Souvent les feux Saint-Elme ont une énergie si grande, qu'au lieu d'être accueillis avec satisfaction et espérance, ils excitent une frayeur qui n'est peut-être que trop justifiée.

Le 2 juillet 1750 l'abbé Richard aperçoit une flamme qui jaillit brusquement du parvis d'une église.

Cette lueur étrange s'élève à douze ou quinze pieds du sol.

Un couvent de femmes situé à Boulogne fut frappé par un météore sortant d'une excavation dans laquelle se précipitaient les eaux de la voie publique. Le choc produit par cette foudre infernale fut si violent qu'il renversa une tour.

D'autres fois les feux follets électriques voltigent de tous côtés comme ceux que le docteur Gardiner aperçut dans un orage, et que nous avons vus bien des fois nous-mêmes dans ceux que nous avons observés à Paris. Cependant il nous est impossible de dire s'ils étaient produits par des lueurs réellement engendrées dans l'air, ou s'ils étaient produits par le reflet des éclairs soit sur les trottoirs, soit sur les murailles ruisselantes d'eau, ou les colonnes de pluie elles-mêmes.

Nous devons rapprocher de ces phénomènes les flammes que le physicien Maffeo vit sortir, en 1713, du rez-de-chaussée du château de Frosdinaro. Cette substance mystérieuse, portant une magnifique livrée d'azur, semblait agitée par une sorte de vent intérieur. Tout d'un coup, elle s'agite, elle bouillonne, elle éclate sans laisser la moindre trace de son passage !

C'était sans doute une autre espèce de follet du même genre, ce météore que la terre vomit devant l'abbé Girolamo Leoni de Ceneda ! Une gerbe de flammes pareille à la précédente s'élance du milieu d'une des rues d'un village des environs de Venise, d'une façon aussi imprévue que les flammes de Maffeo. Elle plane pendant quelque temps au-dessus de l'en-

droit où elle a pris naissance. Bientôt elle s'évanouit,
comme la lueur azurée de tout à l'heure. Mais cette
fois, c'est en faisant entendre un bruit épouvantable,
qui plonge le bon abbé dans la plus vive terreur,
comme on le voit par le dessin de ces curieux incidents
que nous donnons à la fin de cet ouvrage.

LA FOUDRE EN BOULE

Supposons que les poissons que le *Travailleur* a
extraits du dernier fond des océans soient plus intel-
ligents que les épinoches, à qui l'on s'accorde pour
donner la palme de la raison dans nos parages. Ad-
mettons qu'il y ait là-bas des philosophes à branchies
assez perspicaces pour comprendre qu'il y a quelque
chose de mystérieux dans les câbles électriques à
l'aide desquels une race dont la réputation ne peut
être descendue au fond de leurs abîmes, est parvenue
à supprimer les océans. Peut-on croire qu'ils devine-
ront jamais la composition des fils protecteurs de
l'armure, de l'enveloppe de gutta-percha, et des petits
cylindres de cuivre qui constituent ce que l'on a si
admirablement appelé l'âme?

Les physiciens n'ont pas été moins embarrassés
lorsqu'on leur a demandé d'expliquer la nature des
globes de feu qui descendent des nuages. Le premier
mouvement, qui n'est pas toujours le meilleur, a été
de nier l'authenticité du phénomène. Mais il n'a plus été
possible de se borner à l'incrédulité après la publication des ouvrages du docteur Sestier et de M. Poey, où

un nombre formidable d'apparitions a été analysé de toutes les manières possibles.

Dans l'impossibilité où nous nous trouvons de donner le récit complet de toutes ces apparitions et d'autres que nous avons recueillies, nous allons en présenter quelques-unes qui, quelque bizarres qu'elles soient, ne peuvent être mises en doute.

Le 18 août 1777, à neuf heures du soir, on vit un globe de feu de 2 à 3 pieds de diamètre frapper le paratonnerre de l'observatoire de Padoue. Il n'est pas moins urgent d'expliquer comment le même phénomène fut observé au village de Villers-la-Garenne; le 18 août 1792; comment, le 24 décembre 1821, une troisième boule de feu atteignit le paratonnerre d'une maison de Grabow; etc., etc.

On a remarqué que la foudre globulaire semble animée d'une affection toute spéciale pour les gouttières, les tuyaux de décharge des eaux pluviales, qu'elle aime les balcons, qu'elle raffole des tuyaux de gaz, de toutes les parties métalliques dont les maisons se trouvent garnies sous un prétexte quelconque. Un des faits de ce genre les mieux observés l'a été par Daquin, qui raconte qu'un globe de feu s'élança des nuages et vint frapper avec impétuosité une tour; que se laissant en quelque sorte enchaîner par une gouttière (tomber de si haut, faire tant de bruit pour une issue pareille!), il la suivit doucement depuis le faîte jusqu'au plancher, où il disparut comme un gnome, laissant derrière lui un peu d'odeur sulfureuse.

Nous voyons dans les *Annales* de Poggendorf qu'il y a une vingtaine d'années, un autre éclair en boule se montra près de la ville de Cœthen, dans le duché d'Anhalt. Tous les spectateurs, qui étaient en nombre, virent la sphère merveilleuse couverte d'une teinte d'un vert clair.

M. Édouard Collomb, vice-président de la Société de géologie de Paris, a vu une boule descendre lentement du ciel sur la terre en suivant l'écorce d'un peuplier. Elle a besoin de cinq à six longues minutes pour parvenir jusqu'à la base, comme si elle ne pouvait vaincre la résistance de l'air; mais elle choque le sol : rapide comme l'éclair, elle rebondit, et disparaît sans avoir éclaté. Qui la rendait si solide?

Égarée dans les régions inférieures, elle a compris qu'elle faisait fausse route; est-ce que la belle visiteuse n'a point eu raison de se hâter de regagner sa céleste patrie?

Quelquefois les choses ne se passent pas d'une façon si paisible. On voit qu'il y a une lutte terrible. L'esprit le plus prosaïque songera, malgré lui, aux chevaux de feu des fées, aux dragons qui traînent le char étincelant des génies !

C'est ce qui arriva en 1823, dans un orage observé au-dessus de la forêt Noire par le professeur Schübler. Ce savant paisible aperçut deux globes lumineux remorqués par deux langues de flammes. L'un de ces météores semblait à son aise; il tirait aussi régulièrement son merveilleux fardeau qu'un cheval de fiacre marchant à l'heure sur le macadam du boulevard. L'autre, au contraire, qui semblait impatienté du joug, décrivait une foule de zigzags : il semblait en proie à une agitation tout à fait extraordinaire.

Fig. 5. Éclair en boule observé et dessiné par M. Édouard Collomb, trésorier de la Société de géologie.

Souvent les globes flamboyants semblent éprouver une certaine répugnance, une sorte de crainte inexplicable en s'approchant de nos demeures.

L'amiral Duperré raconte qu'il aperçut, dans les îles de la Sonde, un effrayant nuage sphérique qui lançait dans toutes les directions des éclairs et des tonnerres, et qui disparut sans avoir cessé de se tenir à distance respectueuse de la terre.

Un certain jour les habitants de Northampton virent un globe de feu qui passait au-dessus de leurs têtes. Il faisait entendre des sifflements terribles, comme si, ne pouvant les frapper, il tenait au moins à les plonger dans l'épouvante.

Quand ces étonnants météores parviennent à triompher des difficultés qu'ils paraissent éprouver à s'approcher du sol, ils se comportent comme s'ils aimaient à se mêler à la société des hommes. Il y a environ un siècle qu'une paysanne allemande était en train de faire sa cuisine. Tout d'un coup elle voit une boule de feu de la grosseur du pouce, descendre par la cheminée, passer entre ses pieds sans la blesser, continuer sa route en respectant l'aplomb de menus objets qu'un souffle aurait pu renverser. La pauvre femme se précipite vers la porte, mais la boule de feu vient en sautillant la suivre.

Quelquefois l'allure du tonnerre en boule est si paisible, si honnête, qu'on serait tenté de le traiter avec une sorte de familiarité audacieuse.

Le 10 septembre 1845, le tonnerre en boule se présente sur le seuil d'une autre cuisine, située au village de Salagnac, dans le fond de la Corrèze. Trois femmes qui s'y trouvaient ne prennent pas peur, en présence de l'étrange sphère. Elles crient à un jeune homme aux pieds duquel elle roulait de l'écraser pour l'éteindre.

Heureusement ce paysan, qui était venu à Paris, s'était fait électriser pour deux sous dans les Champs-Élysées. Il avait appris à respecter le fluide mystérieux et ses secousses : malgré les exhortations imprudentes de ses compagnes, il laissa passer la boule, qui roula où elle voulut. Bien lui en prit, car la traîtresse éclata quelques secondes après dans une écurie voisine. Elle foudroya un porc qui s'y trouvait renfermé, et qui, ne connaissant rien aux merveilles de l'électricité, osa la flairer d'une façon inconvenante.

Le rayon de ces sphères brillantes n'est jamais bien considérable. Sur quarante et une observations qui évaluent approximativement les dimensions du météore, on le compare au globe apparent de la lune, à une bille d'enfant.

Presque toujours ces boules fulminantes se déplacent avec une lenteur surprenante. Des curieux purent marcher pendant trois ou quatre minutes derrière une de ces foudres en boule qui alla échouer sur la croix d'un clocher, où on la vit disparaître. Quelquefois les observateurs qui voient passer ces curieux météores s'imaginent qu'ils sont entraînés par un léger courant d'air, tant leurs allures semblent nonchalantes : on dirait qu'ils s'arrètent au milieu de leur route, comme s'ils délibéraient sur le côté où ils doivent se diriger. Une boule fulminante qui se trouve à la porte d'un salon est intimidée par la présence des personnes qui s'y trouvent. Elle a besoin de se recueillir pendant quelques instants pour s'avancer jusqu'au milieu de la société.

Fig. 6. Terreur de paysans de Salagnac (Corrèze) en voyant passer un éclair en boule.

Je ne serais sans doute pas très rassuré en voyant ces étranges visiteuses passer près de mon ballon, cependant je serais curieux de voir qui d'elles ou de moi aurait le plus peur. En tout cas, à terre je donnerai l'avis de se méfier grandement des hypocrites météores.

Malheur aux imprudents qui partageraient l'erreur des bonnes femmes de Salagnac! Car dix-neuf fois sur vingt, les éclairs en boule éclatent en semant dans toutes les directions les plus épouvantables ravages.

Du globe de feu qui fit invasion dans l'église de Stralsund sortirent plusieurs grenades qui se brisèrent avec un énorme fracas. Le globe fulminant de Beaujon fit autant de dégât, autant de bruit qu'une machine infernale qui aurait éclaté dans la rue. Il lança une douzaine de foudres en zigzag, qui frappèrent de tous côtés les objets environnants. Une d'elles troua un mur, un boulet prussien n'aurait pas mieux fait.

Un éclair de même forme perça, à Effels, le mur d'une écurie et tua deux vaches et une jument qui s'y trouvaient attachées. Un globe fulminant, ayant éclaté à Everdon, au milieu d'une grange remplie de moissonneurs, blessa ou foudroya plusieurs victimes, sur le corps desquelles on trouva un grand nombre de brûlures lenticulaires.

Souvent un globe qui se promenait lentement sur des meules de foin et de paille sans produire le moindre commencement d'incendie, touchera le corps d'hommes, de femmes et d'enfants sans leur faire éprouver la moindre sensation de chaleur, puis il éclatera en lançant de tous côtés des serpentaux incendiaires.

Un correspondant du *Daily News* raconte, à propos d'un météore plus récent, qu'il a vu un foudre globulaire de la grosseur d'un gros nuage noir qui éclata sur Mayence dans le courant de l'année 1822. Cette véritable bombe infernale qui venait des profondeurs insondées du firmament se jeta sur une maison. En un instant il ne resta plus que les quatre murs.

Il est dorénavant impossible de se soustraire à l'idée qu'il existe en dehors de la matière tangible et pesante qui constitue les corps une substance susceptible de s'unir temporairement avec elle, et de lui donner des propriétés nouvelles.

Arago, comme tous ceux qui ont écrit sur le tonnerre, est obligé de la désigner sous le nom de *matière fulgurante*, terme qui indique nettement la matière entraînée dans le mouvement des fluides électriques, et semblable à celle que l'on voit voyager d'un pôle à l'autre, soit dans les décharges d'électricité statique, soit dans les décompositions électro-chimiques, soit dans l'arc voltaïque.

M. Decharme décrit, dans la *Lumière électrique*, un coup de foudre globulaire observé le 11 février 1884 à Amiens, dans des conditions uniques jusqu'à ce jour. On vit des globules de feu en sept endroits différents et au même instant vers huit heures du soir. Les points extrêmes où l'apparition fut constatée étaient éloignés de 1500 mètres. Nulle part ces globules ne produisirent le moindre dommage, mais leur diamètre était excessivement faible. Celui qui passa au-dessus de la tête d'un jeune homme occupé à écrire avait la grosseur d'une noisette. Dans le théâtre, où l'apparition eut la dimension la plus grande, la boule ne dépassa pas deux à trois centimètres de diamètre. Elle entra par une fenêtre en pratiquant un trou dans la vitre, où se trouvait probablement une partie métallique, et elle traversa la scène sans produire d'autre accident que de roussir le pantalon d'un acteur qu'elle frôla ; mais nous renoncons à décrire l'effet de cette apparition sur les spectateurs, venus pour autre chose et médiocrement flattés d'avoir assisté à une exhibition d'un des phénomènes les plus curieux de toute la physique.

LES ORAGES DE M. PLANTÉ

M. Gaston Planté, le savant électricien à qui l'on doit l'invention des accumulateurs, a constaté l'existence de la foudre globulaire dans deux orages qui ont éclaté sur Paris à la fin de l'été de 1876, et est parvenu à réaliser une imitation fort ingénieuse de ces étranges phénomènes.

Le 24 juillet une nuée orageuse plana au-dessus de la place de la Bastille, de trois heures et demie à quatre heures du soir; elle laissa tomber sur le quartier une véritable trombe d'eau mélangée de grêle. Le régisseur du théâtre Beaumarchais, qui se trouvait dans le magasin des costumes, vit tomber sur le toit une boule de feu de la grosseur du poing qui en éclatant souleva une portion de la toiture en zinc, et lança des fragments de métal sur la maison voisine. Un ouvrier travaillant au quatrième étage de la rue des Tournelles aperçut un globe de feu un peu plus volumineux que le précédent passer auprès du toit du numéro 28 de la même rue et auquel on donne encore dans le quartier le nom d'hôtel de Ninon de l'Enclos.

Ce globe, fort respectueux pour la demeure d'une Aspasie parisienne du dix-septième siècle qui avait vu le célèbre physicien Huyghens s'agenouiller à ses pieds, tombait dans la rue en respectant un pot de fleurs, qu'il frôlait et où il ne brisait qu'une tige! En même temps un ouvrier qui travaillait au rez-de-chaussée voyait passer trois boules de feu, et un bourgeois qui regardait dans le jardin constatait que deux ou trois parcelles incandescentes, sans contour nettement défini, allaient se noyer dans le jardin. En effet ce lieu était transformé en une sorte de lac par l'abondance de l'eau sortie de la trombe.

L'orage du 18 août éclata comme le précédent, lorsque l'atmosphère était souillée par une multitude de poussières de toute nature avec lesquelles le fluide positif pouvait s'amalgamer en descendant vers le sol, et qui, étant charriées en masse notable tout le long de sa trajectoire, diminuaient sa vitesse dans une proportion énorme. Aussi vit-on la foudre tomber sous forme d'un globe au numéro 55 de la rue de Lyon. Un élève en pharmacie, qui était placé au rez-de-chaussée de cette maison, déclara qu'il avait aperçu non pas un globe, mais deux, ayant un éclat tel qu'il en fut ébloui. Mais ces deux globes disparurent en touchant le sol, où ils laissèrent sans doute sous forme d'une poignée de poussière le butin qu'ils avaient ramené des nuages en ramonant l'atmosphère.

M. Gaston Planté, qui se trouvait sur les hauteurs

de Meudon, fit une observation qui confirme complètement les considérations théoriques dans lesquelles
nous venons d'entrer. En effet il reconnut que l'air
était traversé par des nuages dont quelques-uns étaient
fourchus, ce qui indique que la décharge allait en des-

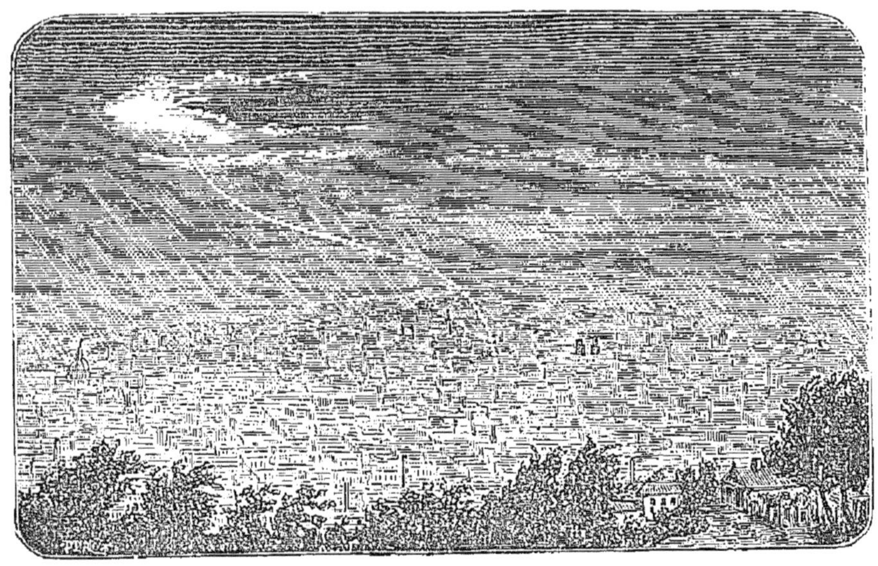

Fig. 7. Orage observé et dessiné à Paris le 18 août 1876 par M. Gaston
Planté : premier exemple d'éclair en chapelet.

cendant du ciel vers la terre, et que le flot de substance positive était immense.

Un de ces éclairs avait la forme d'un S allongé et
resta visible pendant un temps appréciable au lieu de
disparaître instantanément.

Aussi au lieu de paraître sous la forme d'un trait
lumineux comme d'ordinaire, il se présentait comme
une sorte de boules tangentes ou d'éclair en chapelet.
Nous avons emprunté à l'excellent ouvrage de M. Planté,
Recherches sur l'électricité, la planche dans laquelle
il a dessiné cette observation remarquable.

Depuis lors la forme des éclairs en chapelet est devenue classique. M. Renoux, directeur de l'observatoire météorologique du parc Saint-Maur, a rappelé une observation analogue qu'il avait faite en 1859 aux ponts de Braye, commune de Sougé, à la limite des départements de la Sarthe et de Loir-et-Cher. Comme la vitesse de translation était encore moindre, les boules ne paraissaient pas tangentes, mais les positions successives de la boule unique qui donnait naissance à ces illusions était séparée par des espaces appréciables. Comparant le diamètre qu'elles semblaient avoir à la distance à laquelle elles étaient placées, M. Renou est arrivé à supposer que leur diamètre était à peu près celui qu'ont les éclairs en boule d'après les récits des personnes qui ont l'occasion d'en voir.

Mais la confirmation la plus complète des idées que nous avons été les premiers à émettre dans les anciennes éditions de nos *Éclairs et Tonnerres*, c'est l'expérience suivante imaginée par M. Planté.

Si l'on met en communication chaque pôle d'un réservoir d'électricité de haute tension auquel il a donné le nom « de machine rhéostatique » avec une des lames d'étain d'un condensateur en mica, on voit, si le nombre des couples est suffisant pour l'épaisseur du mica, une boule de feu se promener lentement à la surface. Quand la charge accumulée a été épuisée et qu'on regarde le condensateur, on trouve un sillon découpé comme celui que nous empruntons encore aux *Recherches sur l'électricité* et qui a été dessiné d'après nature.

Si la tension a été assez forte pour perforer en un point faible la lame de mica, la matière fulgurante, entraînant une partie du mica, forme ce petit éclair en boule qui se met en mouvement avec un bruissement particulier à la surface du condensateur, il donne une sorte d'image de ce qui se passe le long de la trajectoire de la foudre, aussi longtemps que des fluides unis à des éléments matériels obéissent aux forces attractives qui les conduisent à l'aide d'affinité dont le mystère ne tient qu'à notre déplorable ignorance. En effet, quelle que soit la forme qu'elle prenne, l'électricité est une esclave et ne sait qu'obéir.

LES TROMBES DE TERRE

Quand la nue est assez épaisse, assez tenace, peut-être quand l'air est assez humide, la matière fulgurante l'entraîne quelquefois vers la terre. Ce n'est point un simple globe fulminant qui se précipite vers nous avec fureur : c'est une menaçante colonne qui réunit par un trait d'union effroyable le ciel et la terre. Quelquefois cette colonne marche assez lentement pour qu'un homme à pied puisse la suivre s'il est doué d'un courage suffisant pour ne point s'enfuir. Car ces météores, auxquels un souffle fait perdre la terre, possèdent cependant une force incroyable de translation.

La queue de la trombe frappe comme celle d'un immense boa constrictor. Celle qui ravagea, il y a quelques années, Cortizon, renversa tout un pan des murailles d'Orange. Elle frappa, elle tourbillonna comme une fronde que le bras de Jupiter aurait mise en mouvement. Elle ouvrit avec une force incompréhensible, dans la masse de maçonnerie, une brèche qui avait douze mètres de longueur et cinq de hauteur ! D'un coup elle mit en poudre deux cent mille kilogrammes de pierres !

Ces nuages turbulents sont accompagnés de décharges latérales qui auraient dû depuis longtemps mettre les physiciens sur la trace des forces qui les produisent. Cependant c'est seulement depuis la trombe qui dévasta la commune de Chatenay, vers 1840, que l'on commença à croire que Peltier pouvait avoir raison en disant que le tonnerre était certainement pour quelque chose dans l'affaire. Comment douter encore, quand on voit que les deux seuls bâtiments écrasés dans cette catastrophe sont des filatures, garnies d'une multitude de pièces métalliques qui ont dû surexciter les appétits du tonnerre. Les ouvriers, emportés par le tourbillon et jetés çà et là comme des fétus de paille, ont tous vu surgir autour d'eux de mystérieuses flammes. En outre, à Malaunay, comme à Chatenay, comme à Combaz, comme partout, le tonnerre précède l'explosion des nues. Mais dès que la queue de la trombe commence à se rapprocher de la terre, le tonnerre cesse de se faire entendre. Depuis lors l'éclair, devenu timide et craintif à son tour, cherche à se dissimuler, à filtrer en silence !

Quel spectacle, cette épouvantable lutte, ce conflit, ce choc de deux masses précipitées l'une vers l'autre ! Ces deux montagnes de vapeurs, ces deux nuages, se confondent en une masse unique plus puissante, refoulée par un orage supérieur, et retombant vers la

terre, qui conspire avec l'orage des hautes régions.
En effet, la planète aspire avidement l'électricité supérieures dont ces nuages déclassés apportent en descendant d'effroyables quantités.

Cette nuée furibonde est comme un trophée céleste
tout imprégné de fluide. Avant qu'elle touche le sol,
on s'aperçoit que la pointe qui la termine est incan-
descente.

La trombe vient quelquefois d'en bas. Ce ne sont
plus des vapeurs qui prolongent la nue, ce sont,
au contraire, des tourbillons de poussière qui s'élan-
cent vers les nimbus, en girant avec une effrayante
vitesse.

M. Khanikoff, voyageur russe, a aperçu, il y a quelques années, dans les déserts du Kurdistan, un ouragan de ce genre qui montait jusqu'aux nues. Un tourbillon aussi surprenant s'est montré en Angleterre
vers la fin de juin 1866. Ces étranges colonnes se
détachaient comme un tube léger de dentelle noire
sur le fond transparent du firmament. L'extrémité
inférieure, animée du terrible mouvement rotatoire
commun à toutes ces tempêtes, brisait des réservoirs,
comblait des tours à fumier, arrachait des moulins et
des chaumières. En 1872 nous avons suivi dans le
nord de l'Angleterre la trace qu'avait laissée une de
ces nuées pendant des centaines de milles. Des foudres
sortant à droite et à gauche avaient frappé des arbres
isolés, des maisons non pourvues de paratonnerres.
Partout où il y avait un peu d'eau, je pouvais constater un redoublement de fureur.

Quelquefois ces trombes sont associées par couples
de deux branches jumelles marchant de conserve

suivant deux trajectoires entre lesquelles se trouve
une bande étroite de terre où l'orage n'a produit
aucun sinistre. C'est ce qui est arrivé dans le grand
orage de grêle qui a traversé toute la France en 1783,
et a été étudié par une commission de l'Académie des
sciences.

Quelquefois, comme dans le grand orage de Malaunay et dans celui de Combazon, les deux branches
conjuguées étaient assez voisines pour être vues par
les mêmes observateurs. Il peut en être de même des
coups de foudre. Peltier a vu deux sillons lumineux
sortir parallèlement de terre et s'élever côte à côte
jusqu'aux nues. Elles-mêmes, les aurores polaires sont
dans le même cas, car elles n'éclatent jamais au
pôle nord sans que l'aurore australe brille au même
instant à l'autre extrémité du monde.

LA FOUDRE AU MILIEU DES OCÉANS

L'orage de Chatenay s'arrêta sur un étang où sa fureur atteignit une violence inouïe. Tous les poissons
de l'étang furent foudroyés, et des centaines d'arbres,
couchés les uns à côté des autres, montrèrent la force
de la tourmente. Comment ne pas comprendre, en
voyant de tels ravages, que l'eau aiguise les appétits
du tonnerre et que la facilité si grande avec laquelle
elle se prête à tous les mouvements des fluides, pro-
voque en quelque sorte les tourbillons électriques
à se précipiter au-dessus des mers.

Souvent on voit une pointe de vapeurs sortir des

nuages, se diriger vers la surface agitée des océans; de laquelle ils s'approchent avec une certaine lenteur. Dès que la colonne de nuages parvient à une certaine distance des flots, il est rare que les flots ne s'insurgent point à leur tour contre la pesanteur, qu'il ne surgisse point une espèce de protubérance, de mamelon, de promontoire! Je ne pourrai comparer ces étranges excroissances qu'à celles que l'on observe quand on fait arriver par des pointes métalliques l'électricité d'une machine au-dessus d'un vase de cuivre rempli d'eau.

Quelquefois les affinités électriques sont si puissantes que la vague se joint aux nuages. Alors un tube immense établit une effrayante communication entre le ciel et l'océan. La nue cylindrique que le capitaine Lebrun observa en 1806 n'avait pas moins d'un kilomètre et demi de longueur.

Quelquefois ces colonnes effrayantes, dont le chapiteau est la nuée orageuse, se forment au-dessus de masses d'eau d'une étendue limitée.

Dans le cours de l'année 1741, M. Jalabert vit se former devant lui un trait d'union gigantesque entre la vague courroucée, rageuse, du lac de Genève, et les nimbus qui empêchaient d'apercevoir le mont Blanc. Étrange spectacle, d'autant plus étrange qu'à quelques pas de distance l'air était d'un calme parfait! A trois cents pieds de la mystérieuse colonne aucun souffle de vent ne venait troubler le repos de l'atmosphère.

Un an plus tard, le même observateur vit surgir encore une fois du lac une masse plus hardie. Aucun nuage ne lui servait de chapiteau, rien ne l'aidait à se soutenir dans l'air. Elle s'avançait fièrement,

obéissant à des attractions invisibles. Peut-être faut-il
que le tremblant édifice des trombes, vomi par une
mer aussi étroite, soit couronné par les nimbus pour
acquérir un certain degré de solidité, car on vit disparaître la colonne de Jalabert avant qu'elle pût

Fig. 8. Naissance des trombes observées par Forster.

parvenir à atteindre le rivage contre lequel elle se
précipitait avec fureur.

Beaucoup de nuées sont plus robustes. Ainsi, Peltier assista à la naissance d'une colonne de vapeur
qui, lancée avec force contre une des plages du lac,
la couvrit de vagues qu'elle avait entraînées à sa suite.

Le 17 mai 1773, Forster vit la mer se couvrir
d'écume blanchâtre bouillonnant jusque dans le voi-

sinage du navire à bord duquel il se trouvait en qualité de physicien explorateur. L'expédition, commandée par le capitaine Cook, était alors parvenue dans le détroit de la Princesse-Charlotte, espèce de golfe ou de bras de mer plus large et plus profond

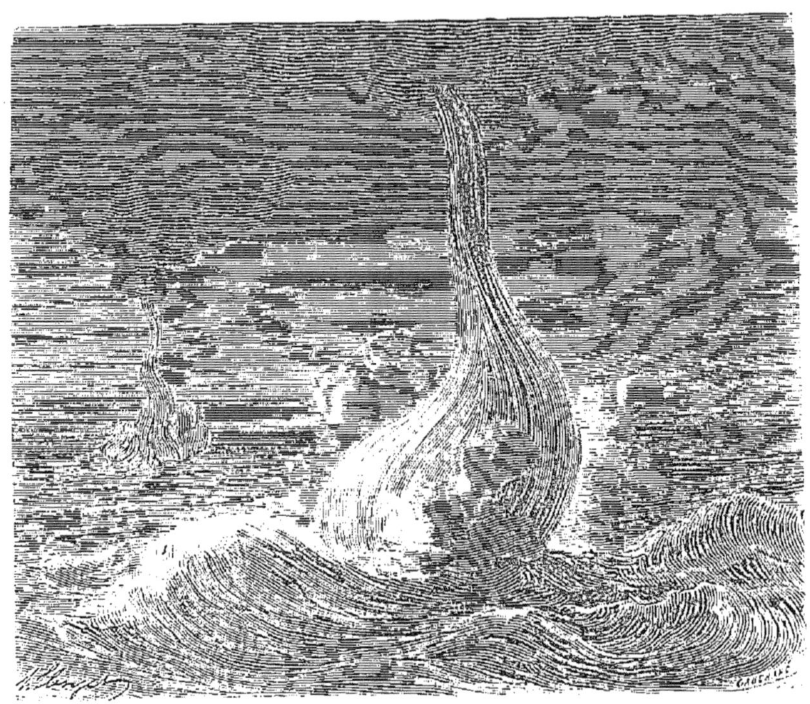

Fig. 9. Développement complet des deux trombes observées par Forster.

que la rade de Brest, et situé à la pointe nord-est de l'île sud de la Nouvelle-Zélande. Bientôt cette eau mousseuse, agitée, se tuméfie; il en sort sans cause apparente une colonne d'eau, qui ne tarde pas à acquérir des proportions inquiétantes. La voilà qui s'élève et qui, appelée par une affinité merveilleuse, finit bientôt par rejoindre les nuages. Mais cette union même ne paraît pas suffire pour satisfaire les secrètes affinités électriques, les désirs inconnus, les étranges appétits de l'Océan immense! Trois nouvelles colonnes de dimensions beaucoup plus grandes surgissent et se groupent autour de la première. La principale s'approche à un kilomètre au plus du navire. Elle prend des dimensions fantastiques, celle que l'on voit dans les rêves ou dans les contes des *Mille et une Nuits.*

Forster, écrivain très sérieux, très peu enthousiaste, prétend que le diamètre de cet effrayant monolithe liquide s'élève à 400 pieds. Violemment agitée par les forces inconnues, l'eau soulevée par un mécanisme incompréhensible s'élève en vapeurs tumultueuses, et le soleil ne tarde point à les recouvrir de lugubre teintes jaunes.

En s'approchant de plus près de cet objet effrayant et monstrueux, on ne tarde point à reconnaître qu'il est composé de deux cônes opposés par la pointe, réunis par un étranglement dont le rayon dépasse à peine un pied! En même temps un torrent d'eau salée monte en suivant une étrange spirale, merveilleuse vis d'Archimède, improvisée dans cet effrayant désordre! O électricité! n'est-ce point un de tes traits? ne te reconnaît-on point à ces merveilles que seule tu parais en état de nous faire admirer?

L'intérieur de cette étrange colonne semble entièrement vide. Nous laisserons à d'autres le soin d'expliquer comment il se fait que l'eau, dont les molécules sont toujours prêtes à glisser sous le moindre souffle, puisse acquérir une sorte de solidité provisoire sous l'action de l'agent qui réduit les rochers eu poussière.

Peltier n'a pas recueilli, dans son *Traité des trom-*

bes, le récit de moins de 137 phénomènes distincts, tous authentiques, observés des marins ou des hommes dont la bonne foi ne saurait être mise en doute. Depuis trente ans, le nombre de ces météores a certainement doublé. Combien on est encore éloigné cependant de faire les efforts nécessaires pour enregistrer tous ceux qui se produisent en un point quelconque de la terre! Ceux qui ont pour théâtre les districts les plus peuplés ne sont pas toujours décrits. L'indulgence avec laquelle l'Académie des sciences de Paris a toujours accueilli les communications qui lui ont été faites et dont nous avons plus d'une fois éprouvé les effets, n'est point assez appréciée des navigateurs.

Les circonstances accessoires portent, jusque dans les plus petits détails, ce que nous pourrons appeler le sceau et la marque de ce Protée qui sait prendre tant de formes, et duquel on peut dire qu'il n'est jamais semblable à lui-même. Tantôt les vagues produisent un sifflement aigu qui déchire l'oreille; tantôt c'est un roulement rauque qui fait entendre un son écrasant de majesté; tantôt un mugissement sourd porte inévitablement la terreur dans l'âme du plus intrépide observateur.

Un jour, en naviguant à l'embouchure de la rivière Gambie, le docteur Leymerie voit une colonne de lumière qui s'élance de la mer; elle jette une fauve phosphorescence, et le vapeur à bord duquel il se trouve semble tracer sur le fleuve une brûlante ornière!

Dix ans après, presque jour pour jour, le capitaine Napier aperçoit dans les mêmes parages une trombe qui se balance à trois encablures de son navire. La mer est en ébullition, et l'eau monte à flots, comme si elle glissait le long des ailettes d'une turbine, avec une rapidité qui n'appartient point aux œuvres de nos mécaniciens. En même temps, l'effrayant météore tourne avec une rapidité merveilleuse. O terreur ! voilà que tourbillonnant sur lui-même, le valseur fantastique, gigantesque, s'élance à la rencontre du navire.

M. Napier a une inspiration sublime... Il se rappelle qu'il a des pièces d'artillerie à son bord. Il charge, il pointe, il tire. On dirait que la trombe hésite. La hardi capitaine redouble. Un boulet habilement dirigé attrape la partie effilée, il frappe le nœud vital, le col allongé qui rattache les vagues aux nuages. Victoire ! la cohésion est rompue. La masse est brisée en deux morceaux qui flottent au hasard. Puis... on dirait les deux moitiés d'un serpent qui cherchent à se rejoindre. Ils y parviennent en effet, après quelques tâtonnements effrayants. Mais le charme a disparu, le prodigieux nuage noir, qui cachait presque entièrement la vue du soleil, se résout en déluge !

Même au milieu des océans, la foudre prend quelquefois la forme globulaire, mais elle garde dans ce cas des proportions dignes de la trombe avortée qui lui donne naissance.

Le 17 août 1868, vers minuit, au moment où avait lieu une grande éclipse de soleil, une de ces terribles boules se précipite avec une explosion épouvantable sur le schooner en bois *Urania*, qui naviguait dans les mers australes. L'étrange météore semble amené par le vent qui soufflait en tempête et venait du sud-

Fig. 10. Le capitaine Napier fait tirer à boulets sur une trombe pour
la rompre.

ouèst; Le matelot qui tenait la barre est mortellement frappé. Quelques minutes après, il expire sans avoir pu prononcer une parole. Son cadavre exhale rapidement une odeur épouvantable, et l'on est obligé de le jeter sur-le-champ à la mer.

La lumière produite par l'explosion de cette boule fulminante est si intense que le cuisinier, couché sur son cadre dans un coin de l'entre-pont, voit jaillir du sabord une vive lumière, analogue à celle d'un immense éclair. Au moment où cette boule terrible choque le navire, toutes les personnes de l'équipage éprouvent une formidable commotion. Le salon se remplit d'une fumée épaisse et d'une odeur de putréfaction. On s'aperçoit le lendemain que les papiers ont été noircis, et toutes les peintures couvertes de suie, *comme si le navire avait été enfumé*. Lorsque revient le jour, on trouve sur le pont des substances noirâtres analogues à celles qui tombent de la cheminée d'un bateau à vapeur.

Une heure après, un vaisseau anglais en fer, le steamer *la Lady Young*, qui naviguait dans les mêmes parages, voit approcher, avec une vitesse formidable, une autre boule de feu.

Le timonier, qui la voit venir, donne un coup de barre pour l'éviter, comme s'il s'agissait d'un écueil. Soit à cause de cette manœuvre, soit à cause d'une sorte d'action particulière exercée cette fois par le fer, la boule reste à distance. Bientôt elle éclate en faisant entendre un bruit épouvantable et répandant une lueur immense. Cette visiteuse mystérieuse ne fait cette fois de mal à personne, elle répand dans l'esprit de tous les spectateurs une invincible terreur bien facile à comprendre; pendant que cette redoutable étrangère profitait des ténèbres d'une nuit sans lune, le tonnerre se déchaînait avec fureur et les éclairs sillonnaient dans tous les sens le ciel noir comme de l'encre.

Mais ces grandes foudres marines n'éclatent pas seulement dans de pareilles circonstances atmosphériques. Le *Times* ayant publié le récit de ces aventures électriques, M. de Donzal écrivit à ce journal pour raconter un spectacle analogue dont il fut témoin au mois de juillet 1830 et qui s'était produit en vue des côtes, mais à un moment où il n'y avait pas de tempête.

M. Palmer ayant eu la patience de rédiger une table de cet immense journal, il ne serait pas impossible de procéder au dépouillement systématique de tous les événements analogues qui ont été racontés dans ses colonnes depuis un siècle.

Les savants qui avaient pris le parti commode de nier sont donc obligés de s'incliner. Un journal scientifique des États-Unis vient même de leur jouer un vilain tour; en effet, il a donné des photographies prises sur une série de trombes observées dans le courant de l'année 1884, et elles ne diffèrent pas sensiblement de celles dont les dessins avaient été déjà publiés d'après le récit des navigateurs.

LA TROMBE DU 5 AOUT 1882

La Lumière électrique a en quelque sorte complété la démonstration dans son numéro du 5 août

1882, en donnant les différentes transformations d'une trombe qui a ravagé le pays d'Iowa le 25 juin de la même année avec une force surprenante dont les détails suivants donneront une idée : une des pierres du soubassement de la maison de M. Wyckham, qui avait un volume de 15 pouces carrés, fut projetée à 200 pieds sans toucher terre ; elle était presque cubique, et sa surface exposée au vent était de 1,56 pied. D'après son poids spécifique, elle devait peser 312 livres. En admettant que le vent ait agi sur elle normalement à sa surface, il faudrait une pression de 200 livres par pied carré de surface plane pour la soulever, et d'après les formules connues, employées pour mesurer la vitesse du vent, on trouve qu'elle aurait dû être d'au moins 210 milles à l'heure pour mettre cette pierre en mouvement.

En prenant pour base des calculs l'un des wagons renversés sur le chemin de fer de North-Western, qui pesait 65 400 livres et présentait au vent une surface de 262 pieds carrés, on trouve, en admettant que la pression ait agi à 5 pieds de terre, qu'il n'a pu être chaviré que par un effort de 29 565 livres, qui correspond à un chiffre de 112 livres par pied carré, soit à une vitesse de 149 milles par heure.

Un toit que l'ouragan avait enlevé s'abattit à une certaine distance, et aurait écrasé les personnes qui se trouvaient là, s'il n'avait été momentanément arrêté dans sa chute par des fils téléphoniques. Á quelque distance, des arbres furent tordus, des monuments endommagés et vingt maisons démolies. Un asile de fous bâti à 2 milles de la ville eut ses dix toits enlevés, ainsi que sa partie centrale. La tour ren-

Fi 11. Nuage orageux[1] planant dans l'air et complètement isolé au commencement du phénomène.

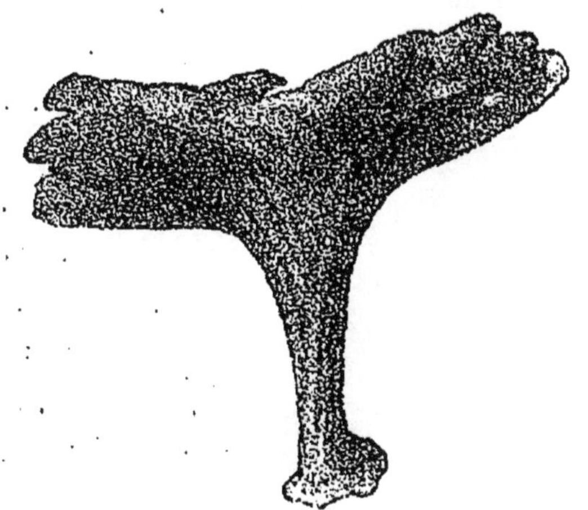

Fig. 12. La masse de vapeur électrique a atteint la surface du sol qui se trouve ainsi jointe aux nuages.

N. B. *États successifs et transformation du cyclone (emprunté à la* Lumière électrique,

fermant la cloche, dont la masse métallique était

1. L'orage se compose de différents cyclones plus ou moins sem-blables à celui dont nous décrivons les modifications.

considérable, fut tordue, enlevée, détruite. Une usine
entière fut enlevée ainsi que son matériel, qui était en

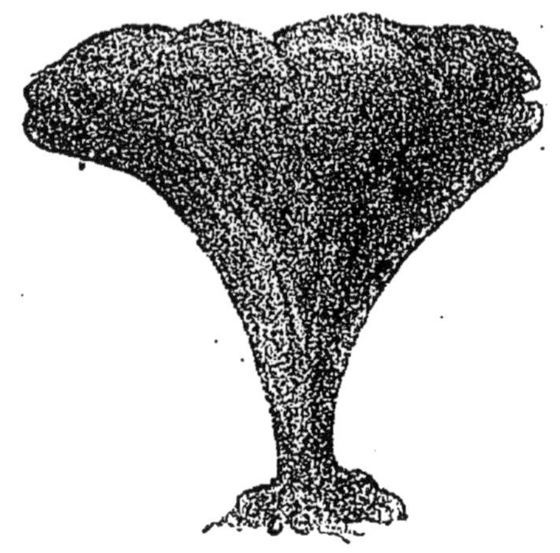

Fig. 13. La base ou racine de la colonne de vapeur se régularise.
La nuée se trouve au milieu d'un tourbillon de vents furieux.

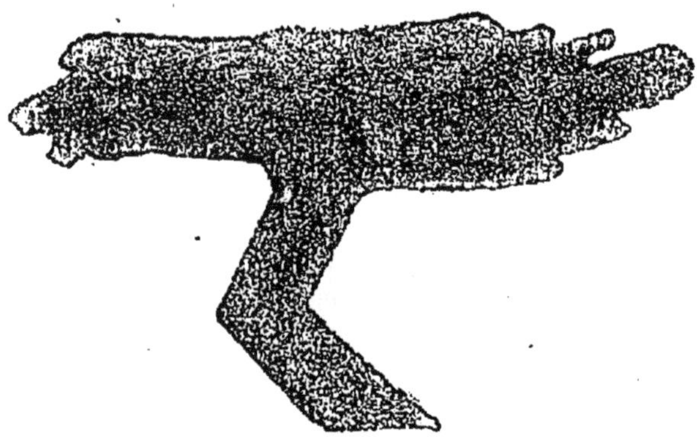

Fig. 14. Aspect singulier qu'a pris la masse de vapeur un peu avant que
l'explosion ne se soit produite et que la colonne ne disparut.

du 22 mai 1873 qui a ravagé une partie de l'Iowa
numéro du 5 août 1882).

grande partie de fer. Un jeune homme fut écrasé par
une maison qui se retourna sur lui, tandis que son
père et sa mère étaient lancés au loin. Un autre

infortuné fut enfoui sous une maison arrachée de ses
fondations[1].

L'ES SPIRALES FULGURANTES

Même avant d'avoir écrit la première édition de cet
ouvrage, nous étions attaché à la *Liberté*, dirigée par
M. Émile de Girardin, publiciste exceptionnel, qui
n'a point eu de rival pendant sa vie ni de successeur
depuis sa mort. Encouragé par le grand journaliste,
nous allions partout, même en province, observer et
décrire les coups de foudre que les grands savants
officiels dédaignaient. C'est dans ces courses que
nous avons consigné une multitude d'observations
curieuses, dont quelques-unes ont été accueillies avec
bienveillance par les secrétaires perpétuels de l'Académie des sciences, qui étaient MM. Élie de Beaumont et
Dumas. Dans l'orage qui éclata sur Paris le 8 avril
1866, et dont nous avons dit déjà quelques mots, la
foudre est tombée dans la cour d'une maison située
derrière le cimetière Montmartre. Le météore est

---

1. Nous avons réuni d'une façon synthétique les explications données par M. du Moncel pour rendre compte de la formation de cette
trombe caractéristique dont l'existence est hors de doute, et qui empêche par conséquent de douter plus longtemps de la possibilité des
phénomènes que tant d'auteurs ont décrits. Ces explications se trouvent aux pages 69-72 avec les gravures extraites de la *Lumière électrique*, et qui montrent les différentes phases de la grande expérience
faite par la nature. Elles sont tout à faits emblables à celles que le célèbre Peltier a exécutées artificiellement avec la machine électrique
dans les expériences inoubliables sur lesquelles il s'est appuyé pour
établir son admirable théorie.

arrivé à terre en suivant, comme il arrive ordinairement, le tuyau de décharges des eaux pluviales com-

Fig. 15. Réservoir en tôle tordu par la foudre dans une maison derrière le cimetière Montmartre, dessiné d'après nature par M. E. Collomb.

me il arrive presque toujours. Mais par un heureux hasard ce tube n'aboutissait point directement au sol, il se rendait dans un réservoir de tôle épais de plus de deux centimètres.

En passant dans ce récipient, la foudre produisit des effets de torsion inexplicables, si l'on ne veut point admettre que la matière fulgurante obéit à un énergique mouvement de rotation. Ne dirait-on pas, en regardant le dessin que nous avons fait exécuter

Fig. 16. Sillon fulgural commençant sur un arbre et finissant sur un autre.

d'après nature, que le vase de tôle a été roulé en hélice ; que les spires ont été imprimées sur le métal par un géant aux doigts de flamme. Les barres elles-mêmes qui retenaient le réservoir dans le mur ont été descellées d'une façon étrange ; on les a trouvées renversées les unes à droite, les autres à gauche.

A cette époque nous nous sommes livré à quelques

Fig. 17. Ancien sillon fulgural de la forêt de Saint-Germain, dessiné par M. Collomb, trésorier de la Société de géologie.

recherches dans les forêts voisines de Paris pour retrouver, s'il était possible, des traces de torsion dues à l'action de la foudre. Nous avons pu nous convaincre facilement que ce phénomène était fort commun. Dans la forêt de Saint-Germain, près de l'étoile du Grand-Veneur, nous trouvâmes un chêne qui portait encore les traces d'une torsion récente. Comme on le voit par la figure qui accompagne ces lignes, la foudre a suivi encore cette fois son sillon hélicoïdal, analogue à celui du réservoir de Montmartre. En outre le fil du bois lui-même avait éprouvé une torsion de même nature. Mais était-ce l'action rotative produite par le magnétisme de la terre qui avait donné cette direction à la foudre ? était-ce au contraire la direction des fibres qui avait guidé l'électricité[1] ?

Nous avons longtemps hésité entre ces deux explications et notre perplexité n'a pas été diminuée par les savantes observations qu'a publiées depuis quelques années, sur l'anatomie des végétaux fulgurés, M. Colladon, le vénérable doyen des électriciens suisses.

Les forestiers ne résolvent pas la question en nous apprenant qu'il y a un grand nombre d'arbres dont la fibre est tordue : car le problème à résoudre est de savoir si c'est dans tous les cas le vent qui leur fait subir cet effet.

Nous avons trouvé dans la forêt de Saint-Germain un autre arbre anciennement foudroyé qui semblerait

---

1. Cette action rotative de la terre semble prouvée par les observations d'aurores boréales. Dans les tubes vides d'air l'étincelle obéit au magnétisme et tourne sous son action comme on le voit par les expériences de de la Rive.

prouver que c'est la foudre. En effet la cicatrice, qui était déjà vieille, suivait la fibre, qui était droite dans presque toutes les parties de son parcours, mais qui semblait s'être lentement redressée, car en haut et en bas elle offrait encore l'aspect d'un tire-bouchon.

Nous avons trouvé dans les *Annales de Poggendorff*, une planche que nous reproduisons et qui semble démontrer combien cette tendance au mouvement spiral est énergique. La rotation est si nette, si franche, qu'elle persiste quand la foudre saute brusquement sur un arbre voisin. On peut encore alors suivre très nettement sur un arbre la trace de la spire qui a commencé sur l'autre.

Certains observateurs prétendent avoir vu directement la spirale fulgurante traverser impétueusement l'atmosphère. M. Lançon, artiste peintre, à qui nous devons plusieurs de nos dessins, fut foudroyé dans sa jeunesse, et raconte qu'il s'est vu entouré de tourbillons de feu. Il a essayé de représenter la scène dans laquelle il fut comparse involontaire, il y a quinze ou vingt ans. L'on reconnaîtra parfaitement la forme des spirales quoiqu'elles soient fort écartées et très déformées.

Notre jeune frère Ulric se trouvait en chemin de fer pendant le mois de septembre 1868. Il vit tomber la foudre à deux ou trois mètres du train, dans la forêt de Fontainebleau. D'après ce qu'il nous a raconté, il aperçut très nettement comme une sorte de tire-bouchon lumineux très incliné sur son axe. Il vit une sorte de torrent hélicoïdal qui tombait avec une énorme clarté au milieu d'un champ, après avoir plané pendant quelque temps comme s'il choisissait

Fig. 18. M. Lançon, artiste peintre, est terrassé par un tourbillon
de foudre.

le point où il devait frapper la surface de la terre.

Les anciens semblent avoir reconnu que les carreaux de la foudre ne sont produits que par la vue perspective de spirales, car la plupart des foudres que Jupiter tient dans ses mains sont représentés par des faisceaux de spires, repliés plusieurs fois sur eux-mêmes. Mais ce qui paraît encore plus démonstratif, c'est que des spirales cérauniques ont été dessinées jusque sur des cadavres sidérés. Le *Nautical Magazine* rapporte qu'un gardien de phare, foudroyé pendant son sommeil, portait une cicatrice taillée en forme de vis d'Archimède. On eût dit la marque d'un fer rouge promené à la surface du corps. Ce fantastique sillon, partant du cou allait jusqu'à la cuisse, après avoir tracé une sorte de ceinture autour du corps. Dans d'autres cas, où la foudre avait tracé ses spires, le sillon oblique descendait de l'épaule droite et parvenait jusqu'à l'orteil gauche.

LE BUDGET DE LA FOUDRE

Nous avons vu que le docteur Sestier a réuni dans son savant ouvrage cent cinquante exemples de foudres globulaires. Ces observations ont été effectuées dans un intervalle de temps qui ne dépasse pas cent cinquante ans, sur une surface qui n'atteint certainement pas la cent cinquantième de celle du globe. Même si l'on admettait que le docteur Sestier a été assez habile pour recueillir tous les récits qui ont été faits, que tous les spectateurs qui ont vu passer des boules de

feu aient eu le soin d'en écrire un récit, qu'il y eût toujours quelqu'un pour voir passer les météores, et
qu'un grand nombre de fois ils n'ont pas été rendus
invisibles par l'intensité de la lumière, on arriverait
déjà à un chiffre bien respectable. En effet, l'on trouverait que le nombre de ces apparitions si intéressantes et si longtemps considérées comme fabuleuses
est encore, en faisant toutes ces restrictions, de deux
ou trois par semaine. S'il en est ainsi d'un des modes
les plus rares de la décharge, dont le nombre réel est
sans doute beaucoup plus considérable, que faut-il
donc penser de la fréquence des coups de foudre eux-
mêmes !

Il est heureux que la nature prenne la précaution
de ménager nos appréhensions en dissimulant ainsi les
coups qu'elle nous porte, de sorte que personne ne
peut se rendre compte de la gravité des dangers qu'il
court ; car nous serions certainement désagréable-
ment émus si tous les orages qui éclatent pendant
toute la durée d'une année étaient réunis en une
seule et même tempête.

Vainement les statistiques d'Arago et de M. Boudin
prouveraient alors que la foudre ne tue pas annuelle=
ment plus de soixante-dix à quatre-vingts de nos
concitoyens. Chacun verrait certainement venir avec
terreur ce jour funeste, terrible, pendant lequel, de=
puis Dunkerque jusqu'aux Pyrénées, depuis Mulhouse
jusqu'au cap Finistère, la France serait enveloppée
d'une nuée épaisse de laquelle sortiraient sans interruption des tonnerres et des éclairs. Chacun éprouverait sans doute le sentiment qui animait les Athéniens lorsque le cours de l'année ramenait la fatale

aurore où le navire aux voiles noires emportait les proies du Minotaure! Quelle reconnaissance ne devons-nous pas avoir pour Franklin et Romas qui, plus habiles que Thésée, sont parvenus sans le secours d'Ariane à trouver le chemin de notre salut dans le labyrinthe de la nature?

Chaque année la foudre fait de soixante à quatre-vingts victimes, nombre qui n'a rien d'effrayant, si on le compare au million de cadavres dont s'enrichit chaque année la France d'outre-tombe; mais ce chiffre nous paraîtra beaucoup plus terrible si l'on songe que la durée totale de la période pendant laquelle ont lieu les accidents est très courte. Pendant que l'orage règne, on peut dire que les statistiques ont tort. En ces moments, rares il est vrai, la foudre est devenue en réalité une cause de mort assez active. En effet, si elle éclatait constamment avec la même énergie que pendant les vingt-quatre heures qui lui sont dévolues chaque année pour la durée totale de ses saturnales, elle frapperait à peu près une armée de trente mille hommes.

Quoi qu'en puissent dire certains optimistes, le risque de mort par fulguration est donc encore aujourd'hui, malgré l'invention des paratonnerres, supérieur à celui que causent les voyages en chemin de fer et même les ascensions en ballon.

Mais ce danger n'est pas le seul dont nous ayons à nous préoccuper, celui que courent nos biens n'est pas moins important à considérer. Lorsque j'ai rédigé la première édition de cet ouvrage, les compagnies d'assurances constataient des pertes s'élevant à une quarantaine de millions, de sorte que le budget de

la foudre dépassait celui de l'instruction publique.
Lorsque le Verrier, dont l'esprit pénétrant et pratique
s'étendait sur toutes les parties de la science, eut
fondé le bureau central de la météorologie française,
il établit dans chaque région du territoire un comité
spécial en rapport constant avec l'observatoire. Ces
comités locaux furent chargés d'observer et de
recueillir l'histoire des orages qui ont parcouru la
France, et la publication inaugurée par le Verrier,
n'a pas été détruite lors de la regrettable révolution
scientifique qui suivit sa mort. Grâce à lui la physique trouvera dans un recueil des documents très
précieux pour la question importante qui nous occupe.
Persuadé de l'intérêt qu'il y aurait à étudier sys-
tématiquement les allures de phénomènes encore si
dangereux et qui seront toujours si instructifs, j'ai
pensé qu'il fallait provoquer des études non pas de la
marche générale des orages, mais des coups de foudre
considérés en eux-mêmes comme phénomènes distincts des perturbations atmosphériques qui les accompagnent. J'ai donc publié dans le journal électrique
que je dirigeais une instruction destinée à guider
les observateurs dans l'étude des fulgurations, et j'ai
inséré dans ma feuille une série d'articles destinés à
réclamer que le ministère prît l'initiative d'une en-
quête officielle plus sérieuse. Notre voix a été en-
tendue, et le ministre des Postes a recueilli les précieux documents qu'on dédaignait autrefois.

Les premiers résumés ont paru dans les Comptes
rendus de l'Académie des sciences pour l'année 1884;
nous y trouvons un grand nombre de faits curieux,
qui peuvent être considérés comme une confirmation

de ceux que nous développerons plus bas, et dans lesquels les physiciens trouveront les éléments de découvertes précieuses.

Le 5 juillet 1883, à Buffon (Côte-d'Or), une jeune fille fut foudroyée et blessée à l'oreille par un coup de foudre qui fendit la boucle en or qu'elle y portait. Nous avons cité dans une de nos premières éditions un fait du même genre, qui a été trouvé tellement invraisemblable que le dessin que nous avions fait exécuter a été retiré. Il représentait une jeune femme en robe de bal, qui s'était approchée de la fenêtre pendant un orage. Quand elle revint à sa place elle s'aperçut que, peu galant, le tonnerre, qui passait dans le voisinage, lui avait enlevé son bracelet.

Le 6 juillet un charbonnier de Nully (Haute-Marne), était en train de décharger sa marchandise, lorsque le tonnerre, cette fois serviable, se chargea de ce soin sans blesser ni lui ni le cheval qui traînait sa voiture. L'histoire ne dit pas que le charbon fut mis dans la cave. Il est probable qu'il fallait beaucoup courir pour parvenir à l'y serrer. Deux jours après, à Vernaie-sur-Mauce, un homme qui était dans son lit fut blessé à la jambe. Cet accident a son importance, car l'on supposait, sans preuve plausible, que les gens paresseux qui restaient couchés sur leur lit étaient à l'abri du fléau.

Enfin le 9 août 1883, dans un orage qui éclata à Dienné (Vienne) dans le voisinage d'une mine de fer, un particulier fut, dit-on, sauvé par son parapluie. Il paraît que les baleines auraient dévié le coup, comme dans une circonstance qui nous touche de près, et sur laquelle nous reviendrons.

LES PARATONNERRES NATURELS

Les coups de foudre globulaires dans lesquels nous avons vu la matière fulgurante et la matière tangible unies l'une à l'autre d'une façon intime, nous ont donné un premier exemple d'un des principaux rôles que joue dans la nature l'étincelle électrique.

Les immondices que l'étincelle amène et charrie avec elle, elle les a trouvées dans l'atmosphère sous forme de poussières immondes.

Si l'air n'avait été balayé, épuré de la sorte, ces matières, souvent fétides et empoisonnées, étaient peut-être introduites dans nos poumons avec l'oxygène destiné à vivifier notre sang ; ce sont peut-être les microbes du choléra, que le docteur Koch cherche vainement avec son microscope, et dont l'étincelle atmosphérique fait un immense massacre.

Tant pis pour nous si nous sommes atteints, ne faut-il pas mourir un jour? Les forces mystérieuses qui veillent à l'équilibre du monde ne peuvent faire consister leur providence à s'occuper de ce qui arrive à chaque atome pensant en particulier. C'est à nous qu'il appartient de pénétrer leurs lois et de nous en servir à notre profit personnel. Puisque le feu du ciel doit atteindre une surface couverte d'hommes, d'animaux et d'objets combustibles, pourquoi négligeons-nous de lui tracer des routes qu'il peut suivre sans danger pour personne.

Mais avant d'ouvrir des voies artificielles au fluide,

Fig. 19. Figure théorique d'un arbre électrisé pour montrer la manière
dont la matière fulgurante pénètre dans la terre.

commençons par conserver celles que la nature a préparées, et auxquelles nous ne saurions suppléer, quelque énergiques que soient nos efforts. Quel que soit notre orgueil civilisé, nous devons reconnaître que nos bûcherons ont fait un mal que nos ingénieurs ne sauront réparer. Malgré le nombre de tiges de paratonnerres peuplant les départements qui nous restent depuis les malheurs de l'année terrible, le ciel et la terre se sont de plus en plus isolés l'un de l'autre. Les communications électriques entre les nuages et le réservoir commun sont plus rares et plus difficiles certainement que du temps où d'immenses forêts couvraient le sol de la France.

Les habitants des campagnes qui sentent l'haleine d'une électricité bienfaisante embaumant l'air de leurs futaies ne diront jamais que tout était ridicule, chimérique dans l'opinion des païens qui attribuaient un rôle protecteur aux dryades amies des hommes. Les tiges des peupliers et des chènes peuvent offrir un certain danger quand une cause mystérieuse agite les lames de feu de l'océan invisible, et l'on fera sagement de fuir leur abri précaire lorsque éclatent les grandes tempêtes. Mais ce n'est point une raison pour méconnaître l'utilité de leur rôle protecteur. Que de tonnerres silencieux, que d'éclairs obscurs filtrent par ces charmants rameaux chargés de feuilles gracieuses.

Arbres de nos forêts, vous protégez plus efficacement la fortune et la vie des insensés qui vous dédaignent que les orgueilleuses tiges de fer. Vous écartez les grêles, comme MM. Becquerel père et fils l'ont prouvé par d'admirables travaux. Vous provoquez la formation de l'ozone, principe inconnu, insaisissable, qui semble porter partout la santé et la vie.

C'est à ces panaches verdoyants, dont une insatiable avidité voudrait priver la France, que l'on doit cette senteur délicieuse que nous allons chercher sur les coteaux de Meudon. Sous le gracieux abri de leur voûte tremblante, notre cœur, ébranlé par le spectacle des affaires de ce monde, retrouve enfin une douce confiance dans l'avenir. Ces tiges rayonnent la paix, l'harmonie et l'amour, quand leurs feuilles dentelées se balancent harmonieusement dans les airs.

Chaque ramuscule laisse échapper un filet de vapeurs impalpables, qui se dispersent, sans que l'on s'en aperçoive, dans les flots de l'océan aérien, qu'il parfume et auquel il donne ainsi une délicieuse fraîcheur.

Le nuage qui plane au-dessus de ces sources innombrables de vapeurs s'étend invisible jusque dans les profondeurs de l'air. L'aéronaute qui passe tranquille à une hauteur immense, et qui plane au-dessus des effluves de la forêt, ressent bientôt leur atteinte. La surface de son ballon, sur lequel ces émanations se condensent, s'allourdit, et le globe, descendant rapidement, va bientôt, s'il n'est à temps allégé par la projection du lest, se heurter contre les branches.

Regardez les rameaux de ce chêne dont nous avons essayé de faire comprendre les fonctions bienfaisantes. Elles rayonnent la paix et l'amour, ces feuilles verdoyantes qui se balancent harmonieusement dans les airs ! En même temps, par leurs millions de pointes,

elles soutirent l'électricité des nuages. Quelquefois
elles semblent couronnées d'une lueur féerique, indice
et symptôme du rôle merveilleux qu'elles jouent pendant les tempêtes.

Grâce à l'étonnante quantité d'eau dont leur bois
est pénétré, aussi bien qu'à la forme aiguë de la
plante, les peupliers aspirent le feu electrique avec
une avidité toute particulière. Malheureusement ils
ne le tiennent pas avec une force assez grande pour que
les hommes et les animaux qui se fient à leur ombre
soient en sûreté. Souvent les habitations voisines,
produisant le même effet, sont également sidérées
par une étincelle qui les quitte.

M. Colladon, habile physicien de Genève, en a tiré
la conclusion qu'il fallait garnir la partie inférieure
par une tige métallique qui ne laissera point échapper
le fluide, quelles que soient les sollicitations qu'exer-
cent les objets extérieurs, et qui le mènera sûrement
jusqu'aux régions profondes. Une fois renforcé de la
sorte, l'arbre ne lâchera pas la foudre avant qu'elle ait
été noyée dans les eaux intérieures.

LE BALLON PARAGRÊLE

M. Dupuis Delcourt, fondateur de la première société aéronautique qui ait existé en France, avait imaginé un système fort ingénieux pour s'opposer aux
ravages des grêles, dont l'origine électrique n'était
déjà mise en doute par personne. Il proposait d'aller
chercher la foudre qui les concrétionne, au milieu

des nuages, à l'aide d'un ballon armé d'une pointe de fer rattachée au sol par une chaîne de même substance et mis en communication, par leur intermédiaire, avec la nappe souterraine.

On soupçonnait déjà ce que Becquerel l'ancien a démontré d'une manière tout à fait décisive que le nombre des orages de grêle va en augmentant en France d'année en année en raison des progrès de ce maudit défrichement, qui fininira peut-être par transformer radicalement la nature de notre sol.

Aussi Arago avait-il compris l'importance qu'il y aurait à porter un immense paratonnerre au milieu des nuages, pour donner aux fluides une voie facile, par laquelle ils puissent se neutraliser à leur aise.

Si nous en croyons les travaux de M. Gaston Planté et de plusieurs autres physiciens, la neutralisation rapide de grandes masses d'électricité, ne saurait avoir lieu sans être accompagnée de la chute d'une quantité de pluie considérable. En effet, quand la pluie hésite à se former, c'est parce que les molécules creuses qui constituent la vapeur à l'état vésiculaire sont écartées les unes des autres par la forte tension de l'électricité dont elles sont imnées.régp

Ne pourrait-on pas reprendre les expériences auxquelles ce grand homme avait songé avant que les manœuvres du grand captif de Londres et de Paris, construit par Henry Giffard, n'aient montré à la fois toutes les difficultés dont on aurait à triompher et les moyens dont on aurait à disposer pour les vaincre.

L'épreuve devrait certainement précéder la construction de la mer intérieure du colonel Roudaire. Car si des paratonnerres flottants dans la haute atmosphère

Fig. 20. Paysage idéal indiquant l'effet des ballons captifs armés de pointes de fer préconisés par Arago.

pouvaient soutirer de l'eau du ciel, les véritables
ballons électriques, les seuls peut-être dont la science
devrait se préoccuper, deviendraient inévitablement
le centre d'admirables oasis. Ces hardis sondages
pratiqués par une méthode véritablement digne
du génie de l'homme vivifieraient réellement le
désert.

Les fils de cuivre qui relieraient le ballon porte-
pointe avec les nappes souterraines seraient incessamment parcourues par des torrents de matières fulgurantes dont peut-être la science trouverait l'utilisation
par une méthode encore cachée.

Mais nous devons avouer, en rougissant un peu de
la pusillanimité de nos contemporains, que les grandes
expériences sur la foudre ne paraissent pas être du
goût de notre génération, car les magnifiques tenta-
tives ébauchées à la fin du siècle dernier paraissent
avoir été abandonnées d'une façon définitive.

Cependant comme il est question de l'érection,
pour l'exposition de 1889, d'une nouvelle tour de
Babel, nous pensons que les ingénieurs qui ont conçu
ce plan auront songé aux moyens de garantir leur
monument contre le sort de l'ancienne, que des
coups de foudre ont détruite, comme la Bible nous le
raconte dans un récit très vraisemblable.

Quelque précaution qu'ils prennent, ils ne sauraient s'élever à une hauteur aussi grande sans avoir
à se mesurer dans des conditions encore inconnues
avec le plus mystérieux des agents naturels. Quelle
sera la dimension que devront avoir leurs conducteurs métalliques? Ne serait-il pas préférable de construire la tour monstre tout en fer, comme Henry

Giffard l'a proposé dans les cahiers de notes dont
l'État est le légataire?

Ici nous nageons en plein inconnu, au milieu d'une
multitude d'hypothèses qui ne sont encore éclairées
par aucune donnée sérieuse. Nous ne chercherons
pas à les approfondir, notre but n'ayant été en les
mentionnant que d'ouvrir des horizons nouveaux
pour répondre aux sophismes des esprits bornés, qui
croient qu'on est arrivé aux limites de la·science, et
qu'en dehors des bribes que contiennent les programm-
mes officiels employés pour fabriquer des bacheliers
ou même des docteurs, il n'y a plus rien à apprendre.

LES VOLCANS PARATONNERRES

La lecture des livres que M. Palmieri a réunis dans
son observatoire sous le titre de Bibliothèque vésu-
vienne semblerait favorable à l'efficacité des ballons
captifs à pointes de fer. Car il semble que le cône de
vapeurs et d'émanations sulfureuses produit l'effet de
précipiter des masses d'eau qui, sans la présence de
ce conducteur gazeux, resteraient suspendues dans la
haute atmosphère sous forme de vapeurs invisibles.

Le souffle des Titans enfouis sous la pesante montagne réalise le rêve de l'aéronaute français. Ces pro-
jections noirâtres qui semblent porter au ciel toutes
les ténèbres de la terre, montrent peut-être aux Ita-
liens un échantillon des feux atmosphériques qui
brilleraient à Paris si l'on érigeait la grande tour.

Ce ne serait point assez du pinceau d'un Rembrandt

Fig. 21. Éclairs gigantesques aperçus à Naples dans une récente éruption du Vésuve.

pour peindre les splendides fulgurations que les grandes éruptions attirent. Un poète même pourrait à peine faire comprendre la longueur des éclairs fantastiques que Palmieri a aperçus aussi bien que Pline le Jeune, et qui ont fait frissonner la reine Caroline aussi bien qu'Agrippine.

La voix du tonnerre accompagne en sourdine le beuglement du volcan, et les lueurs qui entourent la tête de l'éruption semblent un écho des flammes qui jaillissent des gouffres insondés.

Les cataractes du ciel s'ouvrent en même temps que se vident les cavernes intérieures, que se sèchent les sources profondes, et l'eau se mélangeant au feu, les décrépitations deviennent épouvantables.

Ce n'est point seulement au-dessus des évents volcaniques que retentit la voix de la foudre, mais dans tout le district qu'il bouleverse. On vit, il y a quelques années, le sol de la Calabre s'entr'ouvrir; d'invisibles vapeurs, filtrant par toutes les fissures de la terre, se hâtèrent de porter jusqu'aux nuages la nouvelle de la grande secousse et préparèrent de nouveaux orages. Des pluies diluviennes produites par des évaporations extraordinaires ajoutèrent de nouvelles épreuves aux malheurs des habitants.

Les tempêtes furieuses qui ébranlent les édifices les plus solides de nos régions tempérées, et qui déracinent ceux des zones tropicales semblent souvent avoir un écho dans les parties les plus profondes. M. Laur adresse à l'Académie des sciences, dans sa séance du 8 décembre 1884, pour signaler une coïncidence entre un tremblement de terre ressenti à Saint-Étienne et une violente secousse atmosphérique, une onde de haute pression suivie d'une brusque dépression.

Dans les premiers jours qui ont suivi les tremblements de terre d'Espagne un correspondant de l'Académie a envoyé un mémoire pour signaler un fait du
même genre. Comme la commission française d'ex-
ploration est présidée par un élève de Charles Sainte-
Claire Deville, le météorologiste qui professait ces
idées, nul doute qu'elles ne soient exaucées avec tout
le mérite dont elles sont dignes.

Il y a longtemps du reste que l'on sait que de
même que lors des grands troubles volcaniques, les
révolutions atmosphériques sont toujours accompa-
gnées par une augmentation de température et le
débit des sources thermales.

Quoique la pression ne tombe jamais à son mini-
mum immédiatement après avoir atteint son maxi-
mum, on peut dire que la différence peut s'élever à
50 millimètres à Paris, ce qui, pour une surface telle
que celle qui est limitée par les fortifications, correspond à une diminution de poids de 50 millions de
kilogrammes.

On admettra qu'il n'en faille pas tant pour *décro-
cher* quelque chose dans l'intérieur de la terre lorsque ces variations se produisent brusquement dans
des dictricts bouleversés, ravagés, rongés par mille
actions chimiques; où l'eau et les matières qui la
décomposent ne sont séparées souvent que par des
couches à moitié ruinées, et par des planchers qui ne
demandent qu'à s'ébouler dans un sens ou dans un
autre.

Les cyclones vont porter vers le pôle les vapeurs
ramassées dans les régions tropicales; le long de leur

immense trajectoire, ils mettent en communication
les deux électricités naturelles. A chaque instant la
matière de milliers d'éclairs et de tonnerres s'annihile
pendant que le météore décrit son orbe. Est-ce toujours sans danger pour l'équilibre établi dans les
régions profondes? Qui osera dire ce que deviendront
nos empires, nos civilisations orgueilleuses, le jour
où l'orage du dessus sera réellement coalisé avec celui
qui gronde dans les régions cachées, lorsque les deux
abîmes se mettront d'accord par une foudre terrible!

Toutes les parties de la terre, comme les membres
d'un même tout organique, réagissent constamment
l'une sur l'autre à l'aide du fluide électrique. On
dirait donc qu'un des offices de cette puissance mystérieuse est de rattacher d'une façon intime les
diverses parties des corps vivants, qui, sans elle, ne
seraient jamais que d'incohérents assemblages de
parties incapables de produire un effet volontaire.
Son merveilleux office semble être de donner la vie
à tous les êtres qu'elle imprègne. Il nous paraît qu'elle
les anime en vertu des mêmes lois, que ce soit un
insecte, un homme ou une souris. N'est-ce pas elle
qui donne aussi une individualité aux corps célestes,
qu'ils soient une terre ou un soleil?

LA VOIX DU TONNERRE

Malgré toutes les conquêtes de la philosophie critique, nous ne pouvons oublier que le tonnerre est
une manifestation des forces inconnues qu dominent

le monde. Quand il fait entendre sa voix puissante, on dirait que notre orgueil est obligé de courber la tête. Comment en effet oublier, au son de cette musique céleste, la puissance des causes cachées au milieu desquelles se passe notre existence éphémère et tourmentée? Quelle ne serait donc point notre émotion en entendant cette harmonie puissante, si nous avions conservé intactes au fond de notre conscience toutes les superstitions d'un autre âge? Quel ne serait point notre effroi si, crédules et superstitieux comme un adorateur des idoles devait l'être, nous nous trouvions subitement enveloppés de flammes? En faudrait-il davantage pour que plus d'un Saul, endurci dans le crime, ardent à la persécution, se relevât transformé en Paul, héros chrétien improvisé, avide du martyre?

Peut-être l'aimable Léon X et le savant Érasme seraient-ils parvenus à empêcher, ou tout au moins à retarder le schisme protestant, sans le tonnerre qui éclata devant Luther et frappa à ses yeux un de ses amis d'une piété douteuse. À quoi tiennent peut-être les destinées de la religion et des empires? car Luther lui-même prend soin de nous apprendre dans ses mémoires que cette circonstance le décida à prendre le froc, ce froc trop lourd pour sa foi chancelante, et qu'il devait hardiment rejeter loin de ses robustes épaules.

Que d'exemples à signaler, si nous ne craignions d'introduire la superstition dans l'histoire, qui même dans notre siècle positif n'a que trop de tendance à y faire entrer!

Toutefois, ne nous hâtons pas de tourner en ridi-

cule les nations du Midi qui ont parsemé leurs
annales de fictions plus poétiques encore. L'idée de
rattacher le tonnerre aux événements politiques est bien
naturelle dans les régions où les faits électriques se
succèdent pour ainsi dire sans interruption. Boussin-
gault prétend qu'un observateur qui aurait l'ouïe
assez fine pour être impressionnée par tous les coups
de tonnerre de la zone torride, entendrait un roulement continu qui ne s'interromprait ni jour ni nuit,
ni été ni hiver.

Pendant bien des siècles, les poètes ont célébré en
termes magnifiques la puissance et la majesté de
cette voix formidable; mais personne n'avait eu l'idée
d'étudier les lois qui régissent la production de ces
sons graves et majestueux. Ce fut en effet un
étrange personnage que le savant moderne qui s'avisa
le premier d'appliquer son oreille à la serrure de
l'Olympe. Après avoir voyagé en Angleterre, de l'Isle
se détermina, sur l'invitation de Pierre le Grand, à
se rendre en Russie, pour y fonder un observatoire;
car il était aussi grand astronome que grand physicien; il était du nombre des savants, toujours trop
petit, qui croient que la science consiste à observer
la nature de toutes les manières possibles.

Lorsque de l'Isle arriva à Saint-Pétersbourg, le règne
de Catherine avait commencé. Le physicien français
reçut de la Sémiramis du Nord un brillant accueil,
l'impératrice lui fournit les moyens de populariser
les principes de sa science. Bientôt l'école de Saint-
Pétersbourg acquit une immense réputation, que l'astronome français travailla pendant de longues années
à agrandir. Vieux, infirme, de l'Isle s'imaginait qu'il

n'avait qu'à revenir en France pour jouir en paix de
sa gloire. Mais, hélas! que trouva-t-il pour récompense dans la grande ville? Une pension de neuf
cents livres et un grenier désert, les combles de l'hôtel
de Cluny, où il n'y avait que lui qui osât braver les
rigueurs des nuits d'hiver. Passionné pour la physique comme tant d'autres le sont pour la fortune,
de l'Isle garda cependant jusqu'à la fin de sa longue
carrière une ardeur que ni le froid, ni l'âge, ni la
misère ne purent éteindre, et le tonnerre l'occupa en
quelque sorte jusqu'à son dernier soupir.

Les puissances inconnues de la nature se plaisent
à nous distraire, à nous épouvanter, en faisant entendre une immense roulade bien plus harmonieuse
que le sourd roulement des trombes. De l'Isle émer-
veillé nous raconte avec enthousiasme qu'il a entendu
cette espèce de chant suprême retentir à ses oreilles
pendant plus de soixante des battements de son cœur.

Comment expliquer qu'une commotion unique produise des grondements aussi singulièrement prolongés,
quand nous savons qu'elle-même ne dure pas la
millième partie d'une seconde?

Ce fracas incroyable est produit par la décomposition instantanée de la vapeur d'eau que l'étincelle
électrique rencontre tout le long d'une trajectoire de
plusieurs kilomètres. Chaque point de la ligne fulgurante semble être le théâtre de véritables explosions
éclatant avec une précision rigoureuse au même
instant physique. La lumière jaillissant de toutes ces
décompositions arrive tout d'un coup à notre œil, qui
n'aperçoit qu'une ligne unique de feu. Mais le son,
plus paresseux, met un temps appréciable à venir.

Si la lumière ne met que huit minutes pour tomber du soleil, notre prière demanderait quatre-vingt-dix jours pour s'élever jusqu'à l'astre ; car, paresseuses et nonchalantes, les vibrations sonores dépassent à peine vingt fois la vitesse d'un train lancé à toute vapeur.

Il se modifie en route, se brise se répercute, se prolonge et s'éteint de mille manières ; ses échos se combinent presque toujours d'une façon harmonieuse, de sorte que des musiciens ont pu noter les roulades du tonnerre.

Gare à nous si le bruit arrive en même temps que la lueur, l'orage plane alors au-dessus de nos têtes ! Si le roulement ne s'entend qu'après l'éclair, nous sommes hors de portée, car chaque seconde de retard répond à une distance de trois cents mètres. Le temps que dure le roulement du tonnerre nous donne également une mesure de la longueur de la trajectoire lumineuse. Cependant il ne faut pas croire que cette évaluation soit susceptible d'une précision bien grande.

Même dans les plaines, la voix du tonnerre n'arrive point à notre oreille telle qu'elle a été émise. Elle est prolongée par la surface des nuages qui répercutent les ondes sonores. Ces échos aériens sont souvent aussi bavards que ceux des gorges les plus profondes, et le roulement d'une foudre s'y multiplie cent fois.

Les aéronautes en savent quelque chose. En effet les cris que l'on pousse dans la nacelle se répercutent avec une facilité prodigieuse à la surface des vapeurs, qui se renvoient le bruit aussi distinctement que les murailles et les rochers savent le faire. J'ai même observé de pareils effets dans des régions où l'air était parfaitement diaphane, mais où probablement le courant supérieur changeait brusquement de direction de température ou d'état hygrométrique. De même que l'œil, l'oreille a aussi ses mirages, et ce sont ces mirages qui donnent au bruit du tonnerre une durée quelquefois si longue.

LA FOUDRE ET LA GÉNÉRATION DES ÊTRES

Dans les dernières années de l'empire, la question des générations spontanées occupa l'attention du monde savant. On étudia, à l'aide de ballons remplis de substance putrescible, l'action de l'air privé de germes par la méthode de M. Pasteur. On disserta longuement sur le rôle de quelques imperceptibles poussières, servant à imprimer le mouvement vital au fond de quelques tubes. Mais personne, à notre connaissance, n'a songé à se demander si l'électricité naturelle n'intervenait pas dans les opérations ténébreuses qui ont accompagné forcément l'apparition de ces êtres animés à la surface de notre planète.

Depuis l'époque où nous avions émis cette idée, on a reconnu que la décharge obscure d'une bobine de Ruhmkorff donnait lieu à des réactions inattendues dans les tubes à effluves. L'oxygène et l'azote revêtus de qualités nouvelles, par l'électricité, sont depuis lors venus prouver que le fluide peut bien avoir la force de faire d'autres transfigurations, d'autres métamorphoses.

N'est-il pas temps de se demander si de grandes décharges se produisant tout à coup ne donneraient point à des corps demi-organisés le pouvoir de s'individualiser et de produire des êtres sans autres parents que la foudre elle-même? Qui nous dit que le Créateur ne se sert pas à son gré de cette force pour produire des effets qui nous dépassent? Est-ce que ces traits aigus qui effrayaient les peuples superstitieux de l'antiquité ne peuvent pas, dans certaines circonstances, donner la vie, comme nous voyons qu'ils donnent la mort?

Sans remonter à l'origine inextricable des choses, ne savons-nous pas d'une manière positive que la plupart des végétaux seraient hors d'état de se nourrir avec l'azote de l'air, si l'électricité atmosphérique ne s'en servait pour leur fabriquer de l'ammoniaque. C'est elle qui leur donne, sous nos yeux, le pain quotidien. Pourquoi les décharges plus violentes des temps antiques n'auraient-elles pas produit des combinaisons encore plus actives, douées de propriétés plus incompréhensibles?

Peut-être aurait-on tort d'imaginer, avec les anciens astrologues, que les conjonctions célestes agissent sur les forces créatrices, et qu'elles étaient au paroxysme lorsque toutes les planètes se trouvaient dans le premier point du Bélier. Mais l'idée de rattacher au pouvoir divin de la nature toutes les énergies secrètes est tellement logique que nous ne pouvons condamner sans appel des conceptions qui ont au moins le mérite d'être poétiques et grandioses.

Une seule erreur doit exciter la pitié et le mépris du philosophe, c'est l'ignorance des myopes matéria-

listes qui croient expliquer la formation du monde
et l'apparition des êtres par un pur effet du hasard.
Comme si le peu que nous savons des forces cachées
dont Volta nous a appris à nous servir ne nous indiquait pas qu'il y a un monde au delà de celui que nos
sens grossiers nous révèlent.

L'électricité les dépasse tellement qu'ils peuvent à
peine prononcer son nom dans leurs tristes manifestes
et dans les conceptions philosophiques dont quelques-
uns de nos vainqueurs d'outre-Rhin font leurs régals
peu chers.

Quoi qu'il en soit, après certains grands coups de
foudre, l'abondance de l'ozone est si grande, que son
odeur suffit pour mettre les témoins de l'explosion en
danger de mort. Boyle rapporte un accident produit
à Genève par cette sorte d'empoisonnement, pendant
qu'il séjournait dans cette ville, où il se réfugia pour
compléter son éducation pendant la révolution d'Angleterre. Une sentinelle, suffoquée par l'odeur de soufre
accompagnant un carreau qui tomba dans le voisinage
de sa guérite, faillit être précipitée dans le lac.

Cent cinquante ans plus tard, le même phénomène
se produisit dans l'intérieur de l'église de Kervern,
pendant que l'on chantait des litanies. La foudre ne
blessa personne, mais l'odeur qu'elle développa sur
son passage fut si épouvantable que tous les assistants
perdirent connaissance.

Dans ces derniers temps, plusieurs physiciens ont
cru remarquer que le défaut de décharges électriques,
se traduisant par une diminution de la quantité
d'ozone, rendait l'air insalubre et se trouvait lié avec
l'invasion du choléra.

On n'a même pas besoin de supposer que les microbes soient fauchés matériellement par l'étincelle, pour admettre que ces coups de foudre les font périr. Pourquoi ne pas supposer qu'ils peuvent être brûlés par l'oxygène ozoné ou, pour parler plus exactement, électrisé, dont les propriétés comburantes se trouvent surexcitées d'une façon si merveilleuse. Quel désinfectant plus énergique que le gaz qui fait virer au bleu le papier amidonné que l'iode a rendu sensible ! En semant partout l'ozone, la foudre fait sa grande fumigation sanitaire.

Ce qui est incontestable, c'est que le choléra, comme toutes les pestilences, disparaît généralement chaque fois qu'éclate un orage assez énergique. Ainsi la ville de Milan fut débarrassée de cet horrible fléau auquel on donna le nom de peste noire, par un ouragan formidable.

En même temps, le souffle puissant de la tempête agit mécaniquement pour renouveler l'air putréfié, et la pluie qui tombe bruyamment des nuages, dissout, dans sa route, les miasmes, les poussières qui le souillent. L'électricité n'est pas la seule ouvrière à travailler au salut du monde.

Mais elle est une des plus énergiques, des plus actives, et nous ne tarderions pas a périr si la foudre ne venait purifier l'air de nos demeures.

LA RÉCOLTE DE LA FOUDRE

Les décompositions élec ro-dynamiques exécutées avec la pile donnant lieu à un développement abondant d'hydrogène ozoné, on n'avait point fait attention aux transports mécaniques que l'étincelle atmosphérique exécute sur son passage. Comme nous avons été les premiers à signaler ces effets dans nos *Éclairs et Tonnerres* à propos de l'éclair en boule, on nous pardonnera de citer d'autres exemples.

On trouve souvent à la cime des rochers des métaux fondus, qui semblent avoir été transportés par la foudre dont les traces sont encore visibles.

Au mois de mai 1772, le duc de Bourbon se promenait à Chantilly avec une suite nombreuse, lorsqu'on le vit tout à coup enveloppé d'une flamme claire. Quand ses serviteurs s'approchèrent, ils s'aperçurent avec stupéfaction qu'il portait sur les joues et à la lèvre supérieure des traces onctueuses, noirâtres, produites par une espèce de suie, déposée par le météore.

Quelquefois ces matières noirâtres sont en quantité assez notable pour changer la couleur de la peau des victimes du tonnerre. Le docteur Sestier rapporte l'histoire d'un vieillard et de sa fille qui furent trouvés dans leur chambre avec la figure noircie par le météore qui les avait frappés de mort. Le même auteur ajoute ailleurs qu'on s'aperçut que les corps de quelques marins fulgurés semblaient avoir été trempés dans de la poudre à canon, car ils étaient couverts des pieds à la tête par une substance noire.

Quand on releva le cadavre d'un vigneron des environs d'Orléans qui avait été sidéré, on s'aperçut que sa figure était barbouillée d'une couche d'oxyde de fer !

Voilà des faits étranges, effrayants, paradoxaux ;

cependant la physique nous défend de crier à l'imposture, au miracle! Tout le long de la courbe qu'elle parcourt dans les airs, la foudre ramasse de la matière. Elle agit en vertu des mêmes lois que l'étincelle de la bouteille de Leyde éclatant entre les deux pôles d'un excitateur. Elle charrie son butin au point où elle aboutit; que ce soit un chêne ou un brin d'herbe, un palais ou une chaumière, un paysan ou le premier prince du sang royal de France, elle ne fait aucune différence. La nature du dépôt ne dépend que de la composition des substances rencontrées au hasard de la fourchette dans l'atmosphère.

En examinant les débris de la toiture de l'église d'Upsal, qui avait été frappée par un coup de foudre, Bergman aperçut une poudre d'un aspect singulier, qui ressemblait à du soufre; mais en y regardant de plus près, il put se convaincre qu'il avait affaire à du cuivre réduit en limaille, arraché par l'électricité à quelque toit du voisinage. Faraday n'a jamais fait d'expérience plus nette dans son laboratoire.

Si le soufre, toujours chargé d'électricité dans un trajet de cette nature, tombe sur des matières susceptibles d'entrer en combinaison avec lui, il s'y engage avec une facilité qui rappelle l'avidité de l'oxygène électrisé.

Le 14 juin 1846, la foudre tomba sur l'église de Saint-Thibaux de Cour, en produisant un grand fracas. L'édifice se trouva tout d'un coup rempli de fumée exhalant une odeur sulfureuse. Quand on examina ce qui s'était passé, on reconnut qu'un cadre et six chandeliers dorés étaient recouverts d'une couche de sulfure formé sur place par une réaction soudaine.

Quelquefois le soufre apporté par la foudre arrive
en grande abondance, comme on l'a vu à l'occasion
de l'orage du 24 août 1764. On trouva que les
ardoises du château d'Heidelberg étaient couvertes de
petits corps jaunâtres, et que les murailles atteintes
par le météore avaient été revêtues d'une espèce de
vernis de nature sulfureuse.

M. Fusinieri reconnut plusieurs fois que les maisons
frappées de la foudre étaient recouvertes d'une couche
de cette substance, dont l'origine céleste est incontestable. La foudre donne donc un démenti aux niais qui
nient l'existence des allusions atmosphériques qui
proviennent du passage des étoiles filantes. Il faudrait rire aux larmes si, par un coup méchant, elle
complétait la démonstration en barbouillant des pieds
à la tête un de ces négateurs obstinés.

Les coups de foudre, qui partent du sol et se dirigent vers le ciel produisent un effet inverse. Au lieu
d'apporter quelque chose, l'étincelle atmosphérique
enlève au malheureux qu'elle a choisi pour pôle de
départ un nombre plus ou moins grand d'atomes.

Une jeune fille qui portait un collier d'argent fut
traitée comme le toit de l'église d'Upsal. La foudre ne
se borna point à rompre le coquet ornement, elle
arracha des molécules à chacune des petites sphères.
Quand on ramassa la malheureuse, on s'aperçut que
sa peau était marquée de petites lignes noires répon-
dant à l'intervalle des grains de sa parure. Là s'était
déposée la poussière argentine que le météore avait
arrachée au moment où il se précipitait.

Une dame riche, qui portait une chaîne d'or quand
elle fut foudroyée, portait une cicatrice analogue. On

trouva sur son cadavre une ligne pourpre formée par
quelques milligrammes de métal pulvérisé.

Afin de mieux généraliser l'étude d'un sujet à
la fois si intéressant et si nouveau, il n'est peut-être
pas superflu d'insister sur la fécondité des conséquences
que l'on peut tirer de l'observation des poussières
entraînées par l'étincelle, auxquelles personne n'avait
songé avant la publication, dans la première édition
de cet ouvrage, de nos remarques sur les éclairs en
boule.

Ainsi que nous l'avons remarqué, cette manière si
naïve d'envisager le phénomène résout magistralement
une des questions-capitales de la physique du monde.

Si la foudre nous rapporte si souvent du soufre et
du fer, n'est-ce pas la preuve que ces substances sont
répandues avec une véritable abondance dans l'atmosphère?

Comme on les retrouve peu souvent dans les com-
posés terrestres ordinaires, mais qu'elles figurent en
grande abondance dans les débris des corps célestes
qui atteignent la surface de la terre, il faut conclure
de ce fait que la majeure partie des poussières de la
haute atmosphère sont des résidus triturés de corps
qui se dissolvent dans l'immense océan atmosphérique
au fond duquel nous vivons.

L'observation attentive et raisonnée des cadavres
sidérés conduit aux mêmes résultats que les explorations des voyageurs ayant découvert des poussières
ferrugineuses dans les neiges immaculées qui recou-
vrent les hautes cimes de l'Himalaya, ou les glaciers
immenses de l'intérieur du Groënland, admirable unité
des réponses de la nature, qui nous montre ainsi un

avenir indéfini de découvertes merveilleuses formant
une vaste chaîne dont les anneaux d'or rattachent le
ciel et la terre, suivant la métaphore brillante adoptée
par quelques poètes du moyen âge et de l'antiquité.

DES FOUDRES FOSSILES

Arago a démontré, en comparant un grand nombre
d'observations, que les tonnerres sont beaucoup plus
rares en pleine mer que sur les continents. C'est la
terre qui peut être considérée comme l'élément per-
turbateur par excellence dans le mouvement inces-
sant des températures. En effet, elle passe par de
brusques alternatives de froid et de chaud, tandis que
la surface de l'eau est maintenue en équilibre par la
mobilité de ses particules et par la facilité avec
laquelle elle émet d'inépuisables vapeurs. C'est loin
des côtes et de l'action providentiellement provoca-
trice des roches que se forment les cyclones, faible
image de ce que seraient les tempêtes si la terre
était recouverte par un océan sans rivages. Si l'action
plutonienne n'avait soulevé les grands monts, sublimes déchargeurs, merveilleux paratonnerres naturels, les deux électricités s'accumuleraient indéfiniment jusqu'au moment terrible où éclaterait une
tempête avec des proportions menaçantes peut-être
pour l'existence même de l'ordre actuel de la nature.

Les géologues ont trop souvent confondu les traces
de la fulguration avec celles de simples éruptions
volcaniques. Ils ont presque toujours négligé d'étudier

ces étranges cicatrices laissées par les forces mystérieuses qui trônent au-dessus de nos têtes. Quel sera
le naturaliste qui comprendra qu'il peut recueillir
une gloire immortelle en étudiant des lignes sans
doute plus faciles à saisir que la direction des roches
striées? Est-ce que l'action du feu du ciel n'a pas dû
être aussi énergique sur nos massifs pyrénéens et
alpestres que la simple friction des roches erratiques?
Qui oserait affirmer que l'on ne découvrira point un
jour que la terre a passé par un âge fulgural comme
elle a traversé une période glaciaire?

Saussure, au mont Blanc, Bonpland, à la haute
cime de Toluca, Roman, au pic du Midi, tous les
chercheurs qui ont étudié les roches au point de vue
électrique, ont constaté que la foudre couvre souvent
les hautes roches d'un véritable émail, tout persillé
de petites bulles. Ils ont vu par transparence, derrière cet enduit fulgural la marque de stratifications
nombreuses qui semblent couvertes à plaisir d'une
sorte de glacis destiné à mettre en valeur les différentes teintes. Mais ce n'est pas sur les points élevés
qu'on a retrouvé les traces les plus intéressantes du
passage de la foudre, et ce n'est pas en effet dans les
hautes régions que l'électricité développe sa puissance.

Il n'y a pas un siècle encore qu'un simple curé de
village, le pasteur Herman de Massel, trouva dans le
sein de la terre sablonneuse de Silésie un tube irré-
gulier qui disparaissait en se ramifiant à de grandes
profondeurs. Quel était cet objet inattendu? La route
souterraine, que le feu du ciel avait suivie pour aller
s'éteindre le plus rapidement possible dans les eaux
intérieures!

Qui oserait affirmer que ce n'est pas la vue de ces conduits circulaires, dont la paroi intérieure est semblable à une opale vitreuse, qui donna aux hommes du monde primitif l'idée de fabriquer la poterie? N'est-il pas naturel d'employer le feu que nous savons allumer à produire les effets que produit le feu qui sort de la main des dieux?

Puisque le ciel manie si bien la foudre, je ne peux m'empêcher de croire qu'il a dû contribuer à l'éducation de l'humanité naissante. Pourquoi les mythes de l'ancien paganisme n'auraient-ils point un sens profond? Ne songe-t-on pas involontairement à Prométhée qui tire le feu du ciel, et aux Vestales qui sont chargées de l'entretenir?

Les dimensions des fulgurites sont excessivement variables. On en connaît qui ont 14 millimètres de diamètre et dont la paroi vitrifiée a jusqu'à près de 30 millimètres d'épaisseur. Quelquefois on a pu suivre les traces du passage de la foudre sur une longueur de plus d'une dizaine de mètres.

Que de choses le microscope nous permettrait de lire le long de cette ligne oblique! Que de réactions produites par ces bandes capricieuses! Que de groupements inexpliqués sous l'action d'une chaleur susceptible de tant de nuances, depuis l'échauffement insensible jusqu'à des températures inaccessibles aux creusets de nos laboratoires!

Quelle différence avec les traces presque insaisissables que nous avons retrouvées sur le sommet des pyramides de basalte! Le fulguré n'est jamais le grimpeur qui cherche à dompter la cime couverte de neiges virginales! La foudre semble avoir un certain

respect pour ceux qui l'affrontent. Elle ne frappe
jamais, paraît-il, ceux qui viennent la braver en
pleine atmosphère! Arban, Crosby, Sadler, ont pu
impunément naviguer au milieu des orages. L'éclair
a circulé autour de la nacelle! Respectant leur hardi
aérostat, le fluide
a réduit en *poudre*
les palais et les
chaumières des
tremblants habi-
tants de la terre.
Serait-ce donc que
ce danger d'une
nature toute spé-
ciale disparaît
quand on marche
bravement à sa ren-
contre, quand on
s'élance au-devant
de la nuée prête à
éclater, quand on
a le courage, s'il
est permis de s'ex-
primer ainsi, de
lui tenir tête? On
se demanderait

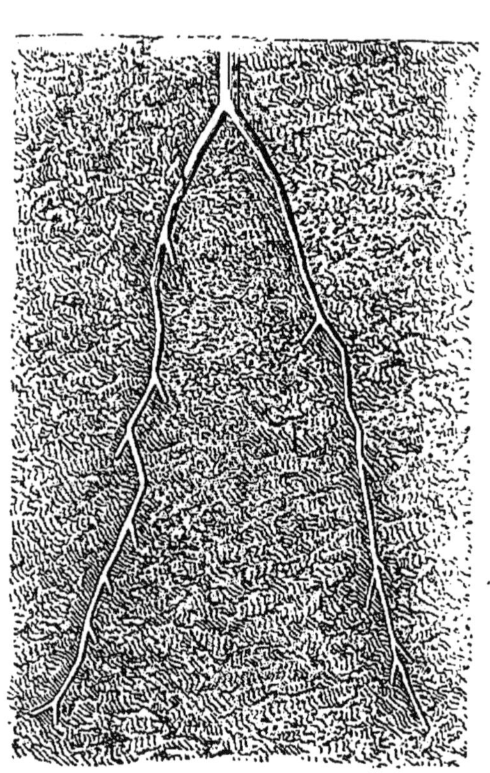

Fig. 22. Fulgurite ou tube vitrifié fabriqué par
la foudre dans un terrain sablonneux; ramifications produites par la bifurcation de l'étincelle.

presque si ce ne serait point dans ce cas la tempête
qui finirait par avoir peur?

Les fulgurites ne sont pas rares à Paris; nous en
avons ramassé une belle formée à la suite d'un coup de
foudre qui avait frappé les haubans en fil de fer sou-
tenant l'entourage du ballon captif de M. Giffard à

l'exposition universelle de 1868. Le fluide avait fabriqué dans la terre un véritable tuyau de pipe par lequel il avait fui vers les régions profondes.

Où les fulgurites abondent, c'est dans les contrées basses, humides, opprimées, éloignées du ciel, écartées des nuages comme cette triste Poméranie qui a certainement été destinée par la nature à devenir le pays des trembleurs.

Il y a des siècles que les Chinois étudient les fulgurites avec un soin dont nous ne sommes point encore capables. Ils les connaissaient peut-être mieux que nous ne les connaissons nous-mêmes, car les missionnaires catholiques qui ont exploré cette vaste contrée du temps de Louis XIV nous apprennent que l'empereur Kan-Hi avait fait sur les *pierres de foudre* un traité spécial ; ce livre impérial contenait peut-être des remarques dont plus d'un savant contemporain pourrait utilement se servir pour occuper ses loisirs.

LA CHALEUR DE LA FOUDRE

Le capitaine Cook arrivait dans la rade de Batavia lorsqu'un violent coup de foudre tomba sur son navire.

Le météore ne produisit aucun dommage appréciable ni dans la coque du bâtiment ni dans les manœuvres, un fil de cuivre de 5 millimètres de diamètre absorba la décharge. On vit briller un long trait de feu, une sorte d'éclair funiculaire régnant depuis le sommet du grand mât, jusqu'à la surface de la mer! S'il avait été enfoui dans un sable sec, ce fil aurait produit tout le long de son parcours non pas une vitrification aussi énergique que celle dont nous parlions tout à l'heure, mais une espèce de transformation pareille à celle que l'on constate près d'un filet de laves incandescentes.

Les coups de foudre maritime, scientifiquement discutés, permettraient souvent de mesurer les effets calorifiques d'une fulguration et de les comparer aux petites déflagrations exécutées dans les cours de physique.

La première fois que la foudre tomba sur le paquebot *le New-York*, dans la remarquable journée où ce météore le visita à deux reprises, ce fut pour sortir par un tuyau de plomb qui pesait environ 20 kilogrammes par mètre courant, il liquéfia complètement ce tube épais sur une longueur qui devait être assez considérable, mais qu'on oublia malheureusement de mesurer. Nous connaîtrions donc le nombre d'unités de chaleur qui furent dégagées, si on avait pris la peine de nous apprendre ce détail; malheureusement on s'est borné à nous apprendre que ce tuyau allait du cabinet de toilette du capitaine à la mer, et qu'il servait par conséquent, dans l'état normal, à conduire tout autre chose que de la matière fulgurante.

Le grand mât du paquebot *le New-York* était pourvu d'une longue baguette de fer, destinée à recevoir une girouette et terminée par une espèce de pointe. Une chaîne pliante, longue d'une quarantaine de mètres, se trouvait attachée au bout de cette tige; elle servait à mettre en communication électrique le haut du grand mât et l'océan, le point saillant exposé et le réservoir commun. Aucun phénomène lumineux ou calorifique n'aurait pu être aperçu si elle avait été assez robuste pour supporter le passage des masses électriques qui se sont précipitées sur elle. Après l'explosion, l'on chercha vainement la chaîne ; elle avait presque entièrement disparu, quoiqu'elle eût été fabriquée avec du fil de 6 millimètres de diamètre. Malgré les investigations les plus minutieuses, on ne retrouva qu'un fragment de quelques centimètres, pendant à l'extrémité de la tige de fer, qui avait été respectée.

Le tonnerre tomba en 1759 sur une chapelle de la Martinique qui portait un paratonnerre, massif comme on les faisait dans ces temps primitifs et que l'on conduisait dans des trous secs, le rôle du perd-fluide étant à peu près incompris. La tige foudroyée ne possédait pas moins de 25 millimètres de côté ; elle pesait par conséquent au moins 4 ou 5 kilogrammes par mètre courant. Cependant la foudre, en mille fois moins de temps qu'il n'en faut pour lire ces lignes, la réduisit aux dimensions d'un simple fil de fer.

Par une coïncidence bizarre, l'explosion qui prouve le mieux peut-être que la foudre n'est point complètement domptée par les paratonnerres, éclata sur la première maison de Philadelphie où il en fut établi. Elle volatilisa une tige de cuivre. Ne dirait-on pas que le feu du ciel a senti le besoin de manifester sa puissance aux yeux de celui qui prétendait à l'honneur d'être son vainqueur, mais dont les principes sont bien loin d'être compris même dans les plus savantes universités. On en verra une preuve singulière dans le coup de foudre qui, le 27 septembre 1878, a frappé

la chapelle de Merton College, à Oxford, et qui mutila
une tourelle fort élégante dont la construction date de
1424 et que l'on montre comme une curiosité. Dans
cet établissement où l'on enseigne aux élèves le poten-
tiel avec tous ses raffinements, on avait oublié que le
fer attire la foudre. On avait trouvé coquet de ficher
sur cette corniche une longue tige couronnée d'une
magnifique girouette. Inutile d'ajouter que la girouette
fondue et perforée serait digne de remplacer le bonnet
d'âne dont ces singuliers savants auraient dû être
affublés.

Cette histoire nous en rappelle une autre que nous
avons racontée dans l'*Illustration*. Un coup de foudre, assez intéressant pour que M. Marc le fît dessiner, avait frappé une maison du boulevard Arago.
D'après la direction de la trace nous supposons que
le phénomène avait commencé à l'Observatoire. Personne ne put nous répondre dans l'établissement,
parce qu'il n'y avait pas de service fulgural, les
météorologistes qui y avaient alors leur bureau ne
faisant pas entrer les phénomènes électriques en
ligne de compte. Seul le portier nous donna des renseignements, et l'on découvrit alors que le météore
avait pénétré dans une sorte de musée où dorment
de vieilles lunettes, qu'il avait ponctuées!

PUISSANCE MOTRICE DE LA FOUDRE

Quoique les mâts des navires de guerre soient
visités et entretenus avec un soin minutieux, il est

évidemment difficile d'empêcher que quelques gouttes
d'humidité ne pénètrent jusqu'au fond des vides
qu'une foule de causes produisent souvent dans l'intérieur. Généralement cette sorte de gangrène sénile
ne produit pas d'inconvénients notables, car le mal
ne peut atteindre des proportions sérieuses sans que
les matelots les plus négligents ne s'en aperçoivent.
Mais si la foudre vient passer dans le voisinage, le
moindre atome de vapeur condensée peut se changer
en poudre fulminante! Dès que le feu du ciel trouve
les éléments d'une catastrophe réunis quelque part
sur sa route, cette explosion se produit avec une
énergie effrayante. Le danger est d'autant plus terrible que la masse décomposée est quelquefois moins
grande.

Si l'eau est arrivée dans son gîte par une large
fissure, sans peine, sans travail, elle s'élancera par
cet orifice sous forme de vapeurs. L'effet produit par
le passage du météore sera comparable à celui d'une
pièce de canon dans laquelle on n'a pas mis de boulet. Mais si quelques atomes se sont infiltrés de
molécule à molécule, à la suite d'un travail de suc-
cion, les gaz s'échapperont d'une façon moins paisible.
Les gouttes d'eau emprisonnées dans les cellules, où
elles ont eu tant de peine à se glisser, brisent l'enveloppe comme la charge de poudre fait voler en
éclats une bombe. Ce ne sera plus de la vapeur
arrivant à une pression de trente ou quarante atmo-
sphères, ce sera un torrent de gaz furibond porté
brusquement à la température de l'incandescence.

C'est de l'eau réduite ainsi à ses éléments qui
a dû produire les effets constatés à bord du navire

le Patriote, dans la nuit du 11 au 12 juillet 1852. La foudre tomba sur un mât et le fendit sur une longueur de plus de 26 mètres. En même temps les produits gazeux engendrés sur place par le rapide passage de l'étincelle produisirent les effets de la dynamite. Un tronçon fut détaché aussi nettement que s'il avait été séparé par un trait de scie; il fut projeté par le gros bout contre une solide cloison de planches, située à plus d'une centaine de pas de distance, la défonça et s'y incrusta si bien qu'il fallut le tirer avec force pour l'arracher du trou qu'il avait creusé. On s'assura que ce boulet d'un nouveau genre pesait autant que ceux dont les savants prussiens se sont servis contre notre jardin des plantes.

La foudre qui était tombée sur l'abbaye du Val, près de l'Ile-Adam, le 25 juin 1756, c'est-à-dire quatre-vingt-seize ans plus tôt, avait produit des effets bien différents. Elle frappa un gros chêne isolé de 16 mètres de haut et de plus de 1 mètre de circonférence. Ni le tronc, ni les branches, ni l'écorce, n'offraient la moindre trace de brûlure, mais l'arbre entier était desséché comme si une énorme quantité de chaleur avait été développée sur place dans chacune de ses molécules. Si l'on ne savait que l'eau est répandue dans toutes les parties vivantes des chênes, surtout au mois de juin, où la sève est encore en mouvement, on l'aurait certainement appris à l'aide de l'observation précédente. En effet, la vaporisation du liquide que contenait le système vasculaire fut accompagné d'une multitude prodigieuse d'explosions. Les branches et les troncs ressemblaient à une masse déchiquetée en cent mille fragments. Les vaisseaux dont la sève avait disparu restaient béants, éventrés à la place où la foudre était venue les ouvrir.

L'aubier, sur lequel repose l'écorce, est encore à cette époque gorgé d'humidité, tandis que l'écorce qui le serre est en quelque sorte imperméable. Ce fourreau avait donc essayé de résister. Il était devenu ce que deviennent les personnes et les choses qui tentent d'arrêter l'action des grandes forces mystérieuses. Réduite en imperceptibles fragments, cette écorce impuissante avait été projetée loin du tronc, elle était retombée comme une sorte de poussière !

Quand la sève est plus éloignée de la périphérie et que la foudre vient à l'atteindre, les explosions sont beaucoup plus terribles encore. La résistance que le bois offre à l'expansion des vapeurs peut alors provoquer une destruction totale. Un arbre, dont parle le professeur Munke, fut pour ainsi dire anéanti. On ne retrouva plus çà et là que des lambeaux, imperceptibles copeaux de quelques millimètres d'épaisseur.

Quelquefois l'aspect du tronc foudroyé est bien différent ; on a vu le fluide s'introduire au centre même des arbres ; alors il pratique un canal dont les parois sont noircies comme par le passage d'un fer rouge. Un noyer séculaire de la forêt de Fontaine-Française, qui avait perdu toutes ses branches, fut foré si régulièrement à la suite d'un coup de foudre, qu'on aurait pu en faire un canon de bois pareil à ceux dont les Chinois avaient jadis l'habitude de se servir.

Ces dislocations capricieuses offrent parfois quelque chose de fantastique. Dans la grande trombe de Monville, qui éclata pendant une saison où la sève des arbres cesse d'être en mouvement, l'aubier se sépara avec une netteté si merveilleuse qu'on a pu l'isoler du reste de la tige comme une sorte de gaine; on a obtenu un cylindre creux se moulant exactement sur le cylindre plein que formait le cœur.

Le 25 août 1818, un grand chêne de 25 mètres de hauteur, faisant partie du bois de Thury, fut frappé par un gigantesque tonnerre. En vingt-quatre heures, ses feuilles jaunirent, puis tombèrent, ce qui indiquait que le feu du ciel avait produit quelque lésion profonde. Cependant on ne voyait à l'extérieur qu'une légère rainure. Attiré par la singularité de ce fait, un botaniste voulut voir comment les choses s'était passées; il fit arracher l'arbre, qu'il examina avec soin. En faisant l'autopsie cadavérique du tronc, il aperçut qu'il avait été frappé d'une blessure intérieure. Les diverses couches annuelles concentriques n'offraient plus aucune adhérence, l'arbre aurait pu se développer comme une immense lunette d'approche dont les tubes sortent les uns des autres à mesure qu'on les tire.

Nous trouvons dans le journal des séances de la Société météorologique l'annonce d'un coup moins violent, mais également surprenant. Le 11 juillet 1868, à 8 heures 20 minutes, il tonnait entre Raincy et Livry. Après l'orage, en examinant un plant de *canna indica*, on trouva que les feuilles avaient été percées de trous d'une façon très régulière suivant des lignes parallèles. Évidemment ces trous ne pouvaient être attribués à la grêle qui tombait en abondance, car ils étaient taillés en cône.

Si les anciens avaient compris les innombrables explosions dans lesquelles la puissance expansive de la vapeur d'eau a joué un rôle prépondérant, on n'aurait point attendu Watt ou Newcomen pour doter l'humanité d'un nouveau moteur.

Le 6 août 1809, à deux heures après midi, une explosion épouvantable se fit entendre dans la maison de M. Chadwick, propriétaire des environs de Manchester. Le mur extérieur d'un petit bâtiment en briques, qui avait 90 centimètres d'épaisseur, 3^m,30 de hauteur, et 30 centimètres de fondation, fut déraciné et transporté en bloc, sans cesser cependant de rester vertical. Lorsqu'on examina ce qui s'était passé, on trouva qu'une extrémité du bâtiment avait marché de 2^m,70, et l'autre, autour de laquelle la masse avait tourné pendant le glissement, ne s'était déplacée que de 1^m,20. Le mur ainsi soulevé se composait de 1000 briques et pouvait peser 26 000 kilogrammes.

Comme on le voit, la puissance que la foudre avait dû développer n'avait pas nui à la délicatesse avec laquelle s'était accompli ce merveilleux transport. Le météore avait opéré avec autant d'habileté que les ingénieurs américains qui, dans les États de l'Ouest, déménagent d'une seule pièce des maisons entières.

Il y a environ une centaine d'années, le tonnerre tombe dans l'île Fetlar, la plus septentrionale des Shetland; il frappe une roche micacée de 32 mètres de longueur, de 3 mètres de largeur et d'environ 1 mètre d'épaisseur. En un instant, cette pierre gigantesque est arrachée du lieu où elle reposait depuis tant de siècles et brisée en une infinité de morceaux. L'un de ces fragments, qui pesait 60 000 kilogrammes, est retrouvé à 50 mètres de sa station primitive; un autre, qui avait 12 mètres de longueur, 2 mètres de largeur et 1 mètre et demi d'épaisseur, renfermait au moins mille fois plus de matière que le morceau du mât de misaine du *Patriote*. Il est lancé avec tant de force qu'il tombe dans la mer à plus de 100 mètres de distance.

Le *Mechanic's Magazine* nous apprend que les mineurs anglais brûlent 250 grammes de poudre de mine pour démanteler une roche pesant 1000 kilogrammes. D'après les chiffres que nous avons cités plus haut, la roche de Fetlar devait être d'un poids 300 fois plus lourd. Il aurait certainement fallu dépenser près de 80 kilogrammes de poudre pour la mettre en état d'être déblayée par les ouvriers. Que serait-ce s'il avait été question, non seulement de la désagréger, mais encore de la lancer à 100 mètres? On ne nous accusera donc pas d'exagération si nous affirmons qu'on ne donnerait pas une nouvelle représentation de cette explosion en dépensant autant de poudre qu'il nous en coûtait autrefois pour célébrer, dans toutes les communes de France, la naissance d'un prince.

On ne sera pas étonné d'apprendre que d'habiles ingénieurs aient songé à utiliser une puissance aussi formidable et qui ne coûte rien à produire.

Le docteur Sestier raconte que des Écossais, ayant à se débarrasser d'une roche isolée, y plantèrent une énorme barre de fer. Le tonnerre ainsi provoqué ne tarda pas à se rendre à l'invitation qui lui était faite. Le rocher fut brisé, et l'on n'eut plus aucune peine à arracher les morceaux, à les utiliser pour des constructions.

Nous trompons-nous en pensant que cet exemple n'est point destiné à rester isolé dans les annales de nos sciences? Se soustraire à l'action nuisible des forces de la nature, ce n'est que le couronnement de la sagesse scientifique. Un immense hiatus existera dans notre physique tant que la foudre n'aura pas été réduite en esclavage. Sans doute un jour viendra où, domptée comme l'ont été les vents et les cours d'eau, elle servira à de grandes opérations d'industrie, de médecine et d'hygiène, auxquelles ne peuvent encore songer les plus hardis rêveurs de nos jours.

Mais il ne faut pas se hâter de croire au succès des inventions bizarres que des empiriques pourraient proposer. Sans cela, on risquerait d'être pris comme ce préfet du prétoire qui acheta le secret de deux Étrusques prétendant avoir découvert le moyen d'appeler le feu du ciel sur l'armée d'Alaric. Les grimaces de ces charlatans n'empêchèrent point le roi barbare de piller à son aise la ville éternelle.

LA FOUDRE BÊTE D'HABITUDE

Dans le courant de l'année 1752, la foudre frappa l'église d'Antrasme. Elle descendit du clocher en suivant une route tortueuse, et pénétra dans la nef, où elle occasionna une foule de dégâts. Elle fondit les dorures des cadres des tableaux qui décoraient le sanctuaire. Elle noircit le contour des niches à saints. Elle grilla les burettes d'étain qui étaient rangées dans une des armoires de la sacristie. Enfin elle sortit par deux trous ronds tellement réguliers, qu'il semblait qu'ils fussent percés avec une tarière.

Le curé s'empressa de faire disparaître lès traces du sinistre : on redora les cadres, on blanchit le contour des niches à saints, on acheta d'autres burettes d'étain, enfin, l'on boucha les deux trous ronds de la chapelle.

Mais le 20 juin 1764, douze ans après, presque jour pour jour, la foudre vint de nouveau visiter la même église, elle frappa le même clocher, elle pénétra une seconde fois dans le même sanctuaire de la même manière, en suivant religieusement les traces de son premier passage, détruisant tout ce qui avait été fait pour réparer les dégâts commis dans sa visite précédente.

Les cadres des tableaux de sainteté furent une seconde fois dédorés, le tour des niches à saints fut noirci de nouveau, les burettes d'étain furent grillées derechef, les deux trous ronds de la chapelle furent encore débouchés.

Cette observation suffirait à elle seule pour montrer que l'électricité n'a point de caprices, qu'elle obéit fidèlement à des attractions inévitables, en un mot qu'elle est l'esclave des objets près desquels elle passe. Ne serait-il point absurde de prétendre qu'elle a pris une seconde fois sans raison le chemin qu'elle avait tracé par caprice une première ?

Si la foudre tombe sur un point déterminé, c'est qu'il existe une affinité naturelle entre le feu du ciel et les matières qui composent l'édifice, le sol et même le sous-sol. Ce qu'il faut faire pour empêcher le retour de catastrophes bien autrement terribles que le coup de foudre de l'église d'Antrasme, c'est d'éloigner les substances douées d'une attraction dangereuse ou de tracer à la foudre une voie qu'elle est obligée de suivre.

Quelque temps après le second accident se répandit

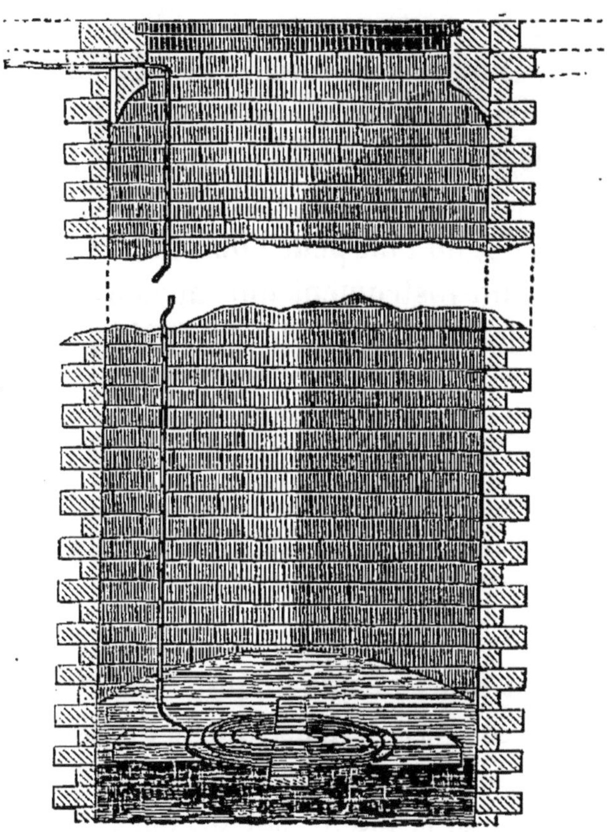

Fig. 25. Perd-fluide roulé en spirale placé dans le fond d'un puits.

l'usage du paratonnerre, que venait d'inventer un savant étranger, un des insurgés républicains de la Nouvelle-Angleterre. Malgré la répugnance de certains ecclésiastiques à accepter les innovations qui leur semblent diminuer l'intervention merveilleuse de l'Être suprême dans les affaires de ce monde, on mit l'église d'Antrasme sous la protection d'une tige de fer. Désarmée d'une façon merveilleuse, la foudre n'a plus touché ni aux cadres, ni aux niches, ni aux burettes. Les trous de la chapelle sont restés bouchés depuis 1764; ils le resteront toujours, à moins que l'on n'oublie de s'assurer que le paratonnerre est en bon état, et que la rouille ne finisse par ronger la tige ou le perd-fluide. C'est ce qui arrive trop souvent quand on le place dans le fond d'un puits où l'on néglige de descendre. Aussi est-il plus prudent de le placer dans la terre végétale, où l'on peut l'observer. On peut employer encore un instrument que nous avons inventé et auquel on donne le nom de *contrôleur des paratonnerres*[1].

GRIBOUILLE DOIT-IL SE JETER A L'EAU POUR ÉVITER LA FOUDRE?

N'allez point vous imaginer que nous traitons à la légère une chose aussi sérieuse que le tonnerre, quand nous écrivons le sommaire précédent en tête de cet article. L'action de la foudre sur les nageurs a occupé longuement les conseillers d'un prince d'outre-Rhin Je ne sais plus dans quelle principauté, aujourd'hui annexée au royaume de Prusse, on avait interdit aux

1. Cet instrument se compose d'un galvanomètre que l'on intercale dans le circuit formé par la tige, la chaîne et le perd-fluide. Du moment que le courant d'une pile passe, on est sûr que celui de la foudre passera.

bourgeois de se baigner en temps d'orage. Mais depuis la bataille de Sadowa, les gens peureux sont libres d'aller chercher un refuge contre le feu du ciel dans les eaux de l'Elbe et du Mein.

Jamais nos lois françaises ne se sont occupées du mal que le feu du ciel peut faire aux nageurs qui se trouvent en pleine Seine. Pourquoi la foudre, dont les effets se font quelquefois sentir à une si grande distance des nuages où elle s'élabore, ne viendrait-elle pas chercher les imprudents qui nagent paisibles, insouciants, à une grande distance? Ne sait-on pas qu'elle n'a pas besoin de frapper directement les animaux qu'elle tue ou qu'elle blesse? On connaît des exemples de chocs en retour, effets constants et secondaires, qui ne sont pas moins dangereux dans certains cas que les effets primaires; or, ces effets surprenants semblent se rapporter principalement aux êtres qui se trouvent en contact avec le réservoir commun. Quelle communication plus large, plus facile peut-on concevoir que celle qu'établit l'eau dans le sein de laquelle le nageur se trouve plongé! Les médecins qui administrent des bains électriques envisagent la question au même point de vue que les législateurs d'outre-Rhin. C'est surtout quand nous sommes dans l'eau que nous appartenons à la foudre, que nous sommes les esclaves de l'électricité naturelle. La physiologie suffirait du reste pour nous faire comprendre que les eaux douces et surtout les eaux salées sont un milieu très favorable aux moindres mouvements du fluide. N'est-ce point dans la famille des poissons que nous trouvons les êtres organisés pour foudroyer leur proie à distance? n'est-ce point dans les eaux que nagent les petites piles vivantes qui se nomment raies, silures, torpilles ?

Pourquoi la nature ne s'est-elle point avisée de douer des êtres aériens d'une propriété aussi merveilleuse ? Les facultés fulgurantes leur eussent été parfaitement inutiles, car il serait sans doute impossible de donner aux organes des animaux terrestres le pouvoir d'engendrer une foudre assez compacte pour triompher de la résistance opposée par la moindre couche de gaz. Aussi ces merveilleux appareils n'ont pas d'analogue dans toute l'immense série de tout ce qui respire, à moins qu'on ne prétende que l'électricité est complice du regard dont les serpents, ces coquets de la fange, se servent pour fasciner les oiseaux du ciel.

De nombreux exemples prouvent en outre que les fleuves ne savent pas toujours protéger efficacement contre la foudre les êtres qui les habitent.

Arago raconte que, le 17 septembre 1772, la foudre tomba sur le Doubs et tua tous les brochets et toutes les truites qui nageaient dans les parties voisines de ce fleuve ; l'eau fut bientôt couverte de leurs cadavres, qui flottaient le ventre en l'air.

Un siècle avant le coup de foudre du Doubs, c'est-à-dire dans le courant de l'année 1672, le lac presque souterrain de Zirnitz avait été le théâtre d'un événement pareil, mais sur une échelle bien autrement effrayante. Les habitants du voisinage ramassaient un nombre effrayant de poissons tués par le feu du ciel ; ils en recueillirent de quoi remplir entièrement dix huit charrettes.

Arago cite dans son *Traité du Tonnerre* un grand

nombre d'exemples qui montrent que le repos des nappes intérieures est lié à la décharge des nuages, qu'il peut être troublé par la simple apparition dans le ciel de nuées à peine visibles, mais chargées de fluides. Comment expliquer autrement les mouvements de cette fontaine signalée par Davini, près de Modène, et dont les eaux, toujours limpides, se troublent chaque fois que le ciel se couvre de nuages?

Suivant le même Toaldo, il y avait alors dans la cour d'un bourgeois de Vicence un puits profond qui avait la propriété de bouillonner aux approches des orages, et produisait assez de bruit pour jeter l'épouvante chez les voisins.

Peut-être la frayeur de ces braves gens n'est-elle point aussi puérile qu'on pourrait le croire : Beccaria parle d'un orage qui avait agi assez énergiquement dans les eaux intérieures pour produire une violente inondation. Cette cataracte, d'origine électrique, éclata dans le courant d'octobre 1755 et dévasta presque toutes les vallées du Piémont.

Les physiciens de ce siècle ne sont pas moins explicites que leurs prédécesseurs. Nowack, dans les *Mémoires de l'Académie de Prague*, fait remarquer que plusieurs sources sont connues comme rendant d'excellents oracles sur l'état futur du temps. Brandes a montré que le bouillonnement de l'acide carbonique est lié à la présence des nuées orageuses. Cortellini dit que le débit de certaines sources thermales pourrait servir de baromètre. Là pourrait se trouver aussi l'explication des faits précédents et d'une infinité de même nature.

Il n'y a pas de tonnerre un peu voisin qui ne se

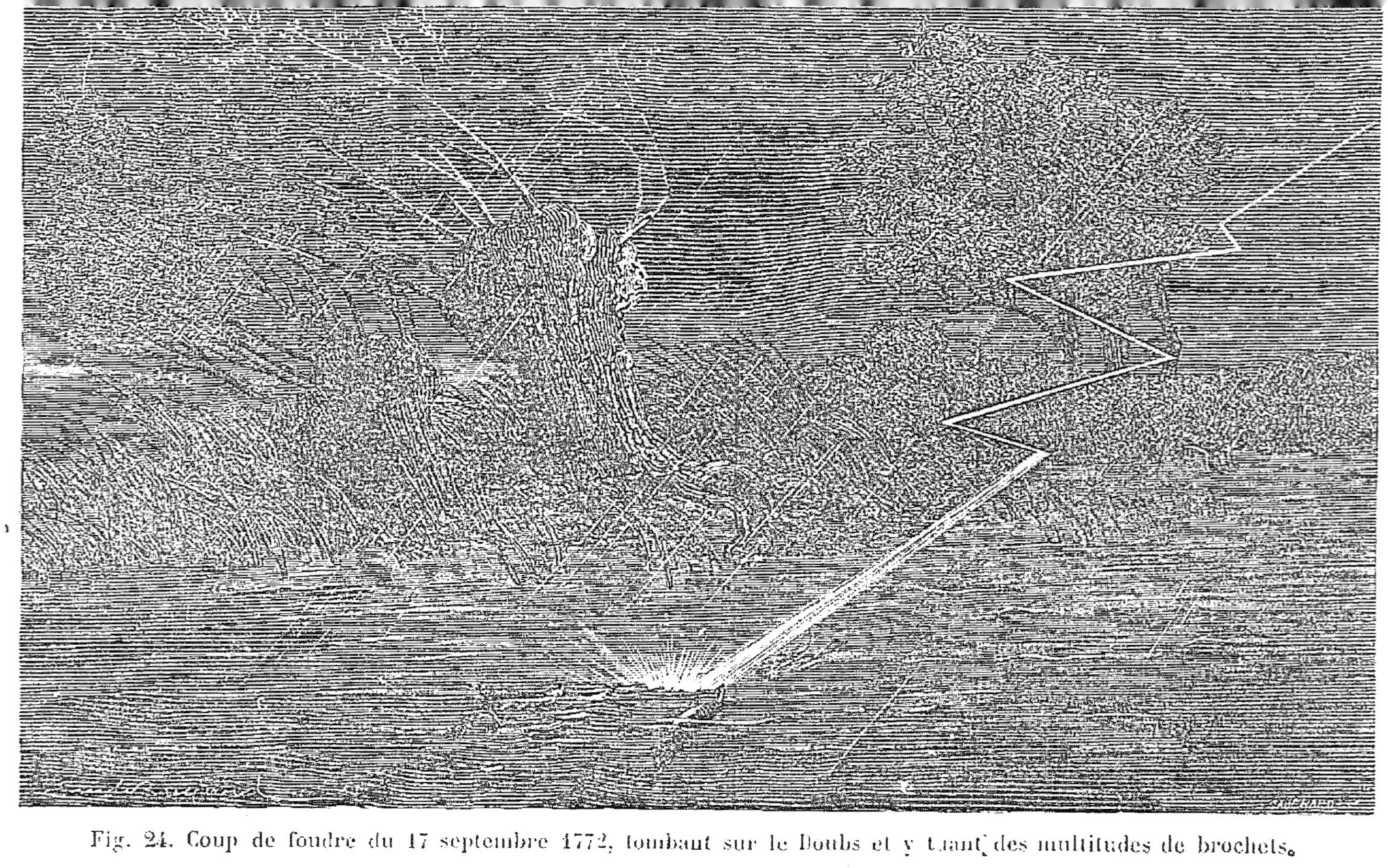

Fig. 24. Coup de foudre du 17 septembre 1772, tombant sur le Doubs et y tuant des multitudes de brochets.

répercute au fond des cavernes remplies d'eau quand elles communiquent avec la surface par un même fluide. En effet, nous verrons plus tard qu'un simple fil de fer suffit pour conduire le fluide jusque dans les mines les plus éloignées du règne du soleil.

Souvent un fleuve peut être mis en émotion par quelque foudre tellement distante qu'on ignore entiè rement qu'elle a éclaté. Qui sait si les crampes que nous éprouvons en nageant ne sont pas produites dans certains cas par quelque choc électrique? Ce sont peut-être des courants obscurs qui viennent agiter nos nerfs sans raison apparente.

Nous nous demanderons même si le feu n'est pas coupable de la mort des malheureux que l'on croit suffoqués par submersion, et qui ont été foudroyés dans' le sein des fleuves. Peut-être a-t-on couché plus d'une fois sur les dalles funestes de la morgue des victimes d'un tonnerre lointain étant venu les frapper au milieu de la Seine!

Cependant il faudrait être bien pusillanime pour tenir compte d'un danger aussi faible. Malgré les *savants* d'outre-Rhin, suivons sans crainte l'instinct qui nous pousse à rechercher une onde fraîche et limpide. Seulement sachons que nous ne trouverons point là un refuge; nous ne serons pas moins exposés que ceux qui se mettent à l'abri sous un arbre ou qui courent pour éviter la pluie d'orage. Si l'on était prudent à l'excès, on éviterait des ombrages qui peuvent devenir mortels, nous nous défierions de tout mouvement rapide. Mais entre deux dangers, comme entre deux maux, la sagesse ne peut faire qu'une chose, choisir le moindre. Qu'est-ce qui nous garantirait

contre les rhumes et les pleurésies, si nous recevions
l'eau du ciel sans bouger de place par respect du tonnerre?

La vie est certainement le premier de tous les biens,
mais c'est à condition que l'on ne sera pas obligé de
veiller sans relâche sur ce bien si précieux, et que
sous prétexte de craindre la foudre, on ne restera
point à étouffer de chaleur sur le bord du fleuve.

FAUT-IL CANONNER LES NUAGES?

Voilà la question qu'Arago s'est posée courageuse-
ment, malgré le ridicule que certaines gens voulaient
déverser sur ces recherches. Il n'a pas craint de com-
promettre sa dignité de secrétaire perpétuel de l'Académie des sciences. Il a discuté soigneusement une
opinion que d'autres savants écartaient par la question
préalable. Comme s'il y avait d'autre réponse valable
que celle que nous donne la nature elle-même.

Les ressources budgétaires ont presque toujours été
ménagées à la science d'une main fort avare. Arago
fut obligé de s'en tenir aux renseignements que le
hasard put lui fournir. Mais il se tira de ce problème
d'une façon qui fait tant d'honneur à son imagination
et à sa sagacité que nous ne nous sentons pas la force
de trop déplorer la pénurie de moyens d'action à
laquelle il s'était trouvé réduit.

Il avait remarqué que l'on entendait de son cabinet
de l'Observatoire le bruit du canon, toutes les fois
qu'il y avait exercice à feu à Vincennes. C'était la preuve

que l'ébranlement de l'air du polygone se transmettait jusqu'au chef-lieu de l'astronomie française. On pouvait donc agir d'une façon quelconque à la hauteur bien moindre où les nuages orageux flottent dans l'atmosphère.

Heureusement les jours d'école d'artillerie sont répartis à peu près également dans toutes les saisons, de sorte que l'on peut appliquer le calcul des probabilités à déterminer le nombre des jours d'école où le ciel doit se montrer couvert si aucune cause étrangère ne vient troubler l'économie du climat de Paris. En opérant sur un nombre de près de sept cents journées, Arago s'assura que le ciel aurait dû être couvert cent trente-sept fois à l'Observatoire, si les salves d'artillerie de Vincennes avaient été tout à fait dépourvues d'influence. Le tableau des observations météorologiques lui donna cent cinquante-huit cas de ciel nuageux, c'est-à-dire un excédent notable de brumes.

Il dut donc conclure de ce qui précède que les décharges d'artillerie devaient attirer les nuages, au lieu de les repousser, comme l'avaient cru ceux qui préconisaient leur usage.

Une remarque de ce genre faite par notre frère Ulric, qui assistait à la guerre d'Amérique en qualité d'officier dans l'armée fédérale, paraît conduire au même résultat.

Presque toujours, après les batailles sanglantes notre frère a vu éclater de violents orages. On dirait que l'ébranlement de l'air, les masses énormes de gaz chaud fabriqué par la détonation de la poudre, l'accumulation des substances conductrices, hommes, animaux et projectiles qui se trouvaient sur le champ de bataille du nouveau monde, avaient attiré le feu du ciel. Mais il me paraît imprudent aujourd'hui de donner raison à Arago, car je ne crois pas que l'on ait constaté des faits analogues pendant toute la durée du siège de Paris, où les observations auraient été si faciles à faire. Il est vrai que le siège a commencé alors que les grandes chaleurs torrides étaient passées. C'est seulement en été que l'on peut admettre que le dieu des armées se met de la partie, et qu'après une chaude journée il noie impartialement les vainqueurs et les vaincus.

Nous serions plus portés à attribuer de l'influence à de violentes explosions produites dans le sein des nuées elles-mêmes, comme on pourrait le faire si l'on y envoyait des ballons chargés de dynamite et qui feraient explosion en y arrivant; mais il paraîtrait plus raisonnable d'avoir recours aux ballons de Dupuis Delcourt, en admettant que l'on puisse triompher des difficultés aéronautiques que nous n'avons point dissimulées.

LES DRAMES DE L'ÉLECTRICITÉ

Si les savants se rendaient compte de la puissance que possède le *merveilleux* sur l'esprit impressionnable du peuple, ils se garderaient bien de laisser la superstition s'emparer du sentiment vague qui nous pousse à croire ce que nous ne pouvons comprendre, à admirer ce qui surpasse les limites de nos observations journalières. Nous croyons donc nécessaire de

Fig. 25. Brigand atteint par un coup de foudre au moment où il allait frapper un voyageur qu'il a déjà dépouillé.

faire remarquer que les poètes seraient loin de se coû-
per les ailes s'ils étudiaient les théories scientifiques
et les respectaient dans leurs œuvres. Sans tomber
dans l'exagération des romanciers qui conduisent
leurs héros jusqu'à la lune ou dans l'intérieur de la
terre, pour leur faire traverser des aventures émouvantes, ils découvriraient des trésors ignorés de Théocrite et d'Homère.

Certes ils n'ont pas besoin de comprendre Daguin,
Ganot ou Jamin, pour imiter les belles descriptions
des oracles de l'*Énéide*, des tempêtes de l'*Iliade* ou
des métamorphoses d'Ovide. Mais que de nouveaux
moyens de toucher le cœur, en utilisant les propriétés
étonnantes des agents naturels dont ni les Grecs ni
les Romains ne connaissaient l'existence. Ce n'est pas
seulement des agriculteurs que l'on peut dire de nos
jours qu'ils seraient trop heureux s'ils connaissaient
leurs biens.

Le scélérat s'approche de la victime dont il a
patiemment suivi les traces. Il sait que le voyageur
n'a pu prendre d'autre route pour franchir les gorges. Il a choisi une nuit noire, orageuse ; c'est le long
des arbres qu'il se glisse.... Il retient son haleine ;
il tire son poignard et le lève en l'air ; c'en est fait de
l'infortuné.... En ce moment éclate un furieux tonnerre. L'assassin a poussé un cri involontaire, une
force invincible l'a lancé dans la poussière, et le poignard est projeté à vingt pas....

Voilà une scène de pure imagination, cependant
profondément émouvante, parce que les événements
ont pu se passer de la sorte. Pour en montrer la vrai-
semblance on aurait tort de négliger les détails. Le

drame n'a rien perdu de son intérêt si le poète a su rappeler que les grands arbres attirent la foudre, s'il sait que le pouvoir des peupliers est décuplé par un ruisseau qui murmure aux pieds du scélérat que la foudre a changé en cadavre.

Arago raconte qu'un chef de brigands avait été enfermé dans une prison bavaroise, au milieu de ses complices. Le misérable soutenait leur arrogance par ses blasphèmes. La pierre sur laquelle il se trouvait attaché lui servait de tribune, de piédestal. La foudre éclate et vient le frapper au milieu de ses affreux discours. Jupiter n'a pas eu besoin de diriger sur l'orateur un trait de sa vengeance. Les maillons de fer ont attiré la catastrophe. Cette circonstance n'en a pas moins terrifié ses auditeurs que si le métal n'eût point été là et que si la victime avait été frappée par un carreau venant en droite ligne de l'Olympe.

Le récit du poète qui décrit la mort d'Ajax fils d'Oïlée, fulguré par Apollon, perdra-t-il de son intérêt parce que le pouvoir des pointes a pu jouer un rôle dans ce drame?

La favorite d'un prince a obtenu un testament ou plutôt la reconnaissance de son fils. Elle compte sur cette pièce pour troubler l'État après la mort de son royal amant. Elle l'enferme précieusement dans un coffret qu'elle va enfouir au fond d'un bois. Elle espère ainsi rendre toutes les recherches inutiles, même celles ordonnées par le prince pour ressaisir ce qui lui a été arraché dans un moment d'ivresse. Mais voilà que la foudre intervient! L'arbre est frappé pendant un orage, et le coffret ouvert se trouve lancé sur la grande route, où chacun peut le trouver. Un

Fig. 26. Chef d'une bande d'assassins atteint par un rayon de la foudre au moment où il excite ses codétenus à la révolte.

paysan le découvre, et l'on a le droit de dire : *Dieu veille encore sur la France*. Il faut pourtant ajouter que le fer du coffret est le ministre dont il se sert.

Les *Annales ecclésiastiques* racontent quelquefois que l'on a vu des prêtres foudroyés au moment solennel de l'élévation. Le galon doré qui entoure l'étole a provoqué la foudre ; le métal du saint ciboire lui-même a conspiré pour attirer le terrible météore. Mais il ne fait pas de différence, que l'officiant soit un Mingrat ou un saint Vincent de Paul.

Cependant ne nous exposons pas à aller trop loin, ne traçons pas aux influences inconnues, aux réalités d'un ordre supérieur, une sphère d'action trop étroite. Ne nous hasardons point à nier l'existence de causes dominant l'homme de toute la hauteur de l'infini ; nous n'avons pas le droit de nous considérer comme indépendants du monde, parce que nous avons trouvé des raisons physiques pour expliquer ce qui s'est passé autour de nous, dans notre voisinage immédiat, dans le petit coin que nous habitons. Nous découvririons mille explications ingénieuses de tous les phénomènes imprévus ou bizarres, que nous ne détruirions point un fait immense comme l'univers lui-même. Est-ce que l'organisation, organisation si savante, si sage de notre être lui-même, n'est pas le fruit de forces infiniment plus puissantes, infiniment plus intelligentes que tout ce que notre intelligence saurait concevoir?

Nous pourrions citer beaucoup d'autres exemple, mais nous préférons renvoyer nos lecteurs au livre que nous avons publié sur la *Physique des miracles*, où un grand nombre de faits analogues ont été recueillis. Cependant nous ne pouvons nous empêcher de faire quelques remarques à propos du rôle de l'étonnement dans les sciences.

Les circonstances qui se reproduisent tous les jours à notre vue, finissent par ne plus nous émouvoir. Aussi les règles les plus usuelles, les plus vulgaires sont-elles mises en évidence presque· toujours par leurs applications les plus rares, et non par celles que nous voyons tous les jours. La théorie du magnétisme et de l'électricité a commencé par un petit nombre de remarques sur le pouvoir attractif de l'ambre, par celui de la pierre d'aimant ; les savants qui l'ont fondée n'ont été frappés par aucun de ces phénomènes vulgaires dans lesquels le mystérieux fluide intervient d'une manière incessante, tous les jours, à chaque heure, en mille lieux différents, et qui frappent constamment les yeux de tous les peuples du monde. Ce sont seulement des faits très exceptionnels qui ont attiré leur attention et surexcité leur génie. Mais l'importance excessive du plus beau résultat de leurs efforts séculaires a été de constater que ces circonstances, qu'il scroyaient produites par des forces rares, sont des événements vulgaires.

UN BATON PEUT-IL PROVOQUER LA CHUTE DE LA FOUDRE

Le 3 septembre 1789, la foudre frappa un homme qui s'était réfugié sous un chêne d'un parc du comte d'Aylesford. En relevant le cadavre, on trouva le sol percé d'un trou large et profond qui répondait au bout du bâton que le malheureux sidéré tenait à la main. Cette observation fit beaucoup de bruit à l'époque, et quelques personnes, s'appuyant sur ce qu'un bâton est isolant, prétendaient qu'il n'y avait aucune raison pour que la foudre prît cette route.

Ces personnes oubliaient deux choses, la première c'est que, suivant toute probabilité le bâton était terminé par un morceau de fer, et la seconde que le bâton était probablement couvert d'eau; or l'eau conduit admirablement le fluide électrique, de sorte qu'au point de vue de la fulguration on peut admettre que tout corps humide est l'équivalent d'un morceau de métal.

Ovide raconte dans le IIIe livre des *Fastes*, que Numa, ayant voulu connaître les rites sacrés à l'aide desquels il était possible de faire descendre la foudre, s'embusqua dans un bois où se trouvait une source à laquelle des Faunes avaient coutume de se désaltérer. Comme il avait eu soin d'y placer des coupes remplies de vin et de moût, les dieux s'enivrèrent et s'endormirent. Numa profita lâchement de leur sommeil pour les enchaîner.

Quand ils se réveillèrent, il leur apprit que pour regagner leur liberté, ils devaient lui apprendre les paroles sacrées à l'aide desquelles on pouvait faire descendre la foudre. Les captifs se récrièrent, disant qu'ils n'étaient que de pauvres divinités rustiques, et que par conséquent ils ne connaissaient pas un secret aussi précieux. Mais ils offrirent à Numa de lui révéler les enchantements à l'aide desquels il pourrait faire descendre Jupiter et lui demander cette faveur.

Numa accepta cette transaction, et obtint la connaissance de paroles mystérieuses, terribles, à l'aide
desquelles il obligea ce dieu redoutable à quitter les
hauteurs de l'Olympe.

L'auteur du livre d'Isaïe connaissait beaucoup
mieux la nature. En effet, lorsqu'il veut faire descendre la foudre sur l'autel qu'il a dressé, son premier
acte est de l'arroser avec l'eau qu'il verse à l'aide d'une
coupe. Un électricien moderne qui voudrait produire
le même phénomène n'agirait pas d'une autre manière.

C'est par l'eau de la pluie que non seulement les
bâtons et les autels, mais les arbres et les maisons sont
soudainement exposés au feu du ciel. Si l'on ne tient
pas compte de cette propriété remarquable, une mul-
itude de circonstances ne sauraient être expliquées.
Mais elles cessent d'être embarrassantes aussitôt que
l'on y prête une attention suffisante.

De ces remarques il faut tirer la conclusion qu'il est
sage d'empêcher l'eau d'entrer dans les maisons pendant un orage, et par conséquent qu'il y a lieu de
fermer les fenêtres. Cependant quand on est protégé
par un bon paratonnerre, il y a peut-être une prudence
exagérée à se priver de la sensation délicieuse que
l'air frais et imprégné d'ozone nous procure.

LA FOUDRE PEUT-ELLE FONDRE UN VERRE DE CRISTAL SANS LE ROMPRE

Boyle rapporte quelque part que deux grandes
coupes en cristal taillées avec soin et enrichies de

substances précieuses étaient placées l'une à côté de l'autre sur la table d'une riche salle à manger. Un jour la foudre eut la fantaisie de visiter cette opulente demeure. Après l'explosion on retrouva les verres à la place qu'ils occupaient. Au premier abord l'on put croire que la foudre les avait dédaignés, mais en les regardant de près on constata que l'un et l'autre avaient été soumis à l'action d'un feu qui, assez ardent pour les amollir, ne les avait pourtant pas fait éclater. Cette fusion d'un genre singulier avait été si énergique qu'un des deux se tenait avec peine sur sa base.

Cette belle observation n'est pas seulement une preuve de la véracité de l'illustre auteur qui l'a rapportée. Elle met en évidence une des plus surprenantes propriétés du feu électrique, qui sont tout à fait différentes de celles du feu ordinaire. En effet quoique sa température soit beaucoup plus élevée que celle que l'on développe au milieu d'un haut fourneau, il est susceptible d'être excité d'une façon fragmentaire moléculaire, de telle manière que son rayonnement produit des effets calorifiques insignifiants.

Le courant qui traverse le filament du charbon d'une lampe d'incandescence le porte à un degré de chaleur incroyable; cependant, ce calorique si intense est en quantité si faible qu'il n'amollit pas le verre de l'ampoule, et que c'est à peine s'il produit au dehors un échauffement sensible.

C'est en vertu de ce même principe que l'on peut expliquer que l'on ait vu des pièces d'or renfermées dans une bourse se fondre superficiellement de manière à se souder les unes sur les autres et à ne former qu'un lingot plus ou moins homogène. Les anciens, qui avaient observé ce phénomène remarquable d'une façon plus ou moins complète, lui avaient réservée le nom de *fusion froide*, qui indique admirablement sa nature.

Les faits relatés par Sénèque, dans ses *Questions naturelles*, quelque extraordinaires qu'ils soient, ne sont donc pas sans analogie, avec des faits parfaitement bien observés.

La disparition de la lame d'une épée, renfermée dans un fourreau qui est resté intact, est plus difficile à croire que la fusion des verres de cristal de Boyle, mais si l'on ne peut ajouter une foi entière à ce récit, on doit supposer qu'il tire son origine de quelque circonstance réelle. Il n'en est pas autrement du bracelet volé par la foudre, dont nous avons déjà parlé à différentes reprises.

FOUDRES ET POUDRES

Le charbon qui constitue la plus grande partie de la poudre étant une matière conductrice, on ne doit pas être étonné d'apprendre que la foudre a une certaine affinité pour cette substance et qu'elle va la chercher jusque sous terre, dans des endroits où se trouvent des dépôts oubliés.

C'est ce qui arriva en novembre 1856, dans la forteresse de Rhodes, où la foudre atteignit un vieux magasin provenant peut-être des chevaliers et dont les Turcs avaient oublié l'existence. L'explosion fut si terrible qu'une portion de la ville fut détruite et

Fig. 27. Histoire, probablement apocryphe, d'un bracelet enlevé par la foudre.

qu'un nombre incalculable d'habitants et de soldats furent tués.

Les bons musulmans qui périrent dans cette circonstance, entrèrent dans le paradis de Mahomet sans s'être même rendu compte de ce qui les y avait envoyés rendre une visite aux hourris.

On peut donc s'attendre à ce que la liste des catastrophes auxquelles les explosions de poudrières ont donné lieu, avant l'invention des paratonnerres, dans les pays arriérés qui n'ont pas voulu en adopter l'usage soit interminable. Nous allons en citer quelques exemples afin de montrer que cette invention a garanti les habitants paisibles et inoffensifs des grandes cités, contre des catastrophes auprès desquelles les criminelles explosions préparées par les dynamiteurs ne sont que des jeux d'enfant.

En 1732 le magasin à poudre de Comport-Major, en Portugal, ayant été fulguré, la ville fut complètement ruinée et mille personnes furent tuées ou blessées. Au mois de septembre 1735 l'explosion du magasin de Brême détruisit mille maisons. Il y eut dans l'année 1765 deux explosions célèbres, la première à Venise, où quatre cents personnes périrent, et la seconde à Brescia; c'est la plus terrible dont l'histoire fasse mention. La foudre mit le feu à 207 600 livres de poudre, et toute la ville fut bouleversée comme elle l'aurait été par un tremblement de terre. On évalue à trois mille personnes le nombre des victimes.

La leçon de cette catastrophe ne fut pas perdue, les États de la République de Venise furent un des premiers où l'on adopta les paratonnerres.

Mais de temps à autre les sophismes des ennemis des paratonnerres se font entendre avec succès dans les conseils des gouvernements les plus progressifs.

En 1777 le magasin à poudre de Purfleet ayant été frappé d'un coup de foudre malgré le paratonnerre dont il avait été pourvu, la question de l'utilité des tiges fut soumise à une discussion passionnée. Les paratonnerres auraient été à jamais détruits, si l'exa-men contradictoire de ce qui s'était passé n'avait démontré que le paratonnerre s'était trouvé en mauvais état.

En 1838 le conseil suprême de la compagnie des Indes céda à ces ridicules représentations et envoya des ordres dans la péninsule d'avoir à retirer les tiges de tous. les monuments publics et surtout des magasins à poudre. Cet ordre inepte était à peine exécuté que deux magasins sautaient, l'un à Bombay; on remit les tiges plus rapidement encore qu'on ne les avait enlevées.

Quelquefois la foudre peut tomber même sur les paratonnerres en meilleur état. C'est ce qui est arrivé notamment dans le magasin à poudre de Béthune, qui fut sidéré le 5 juillet 1802, mais on peut dire que cet accident eut un effet heureux.

Quoique aucun sinistre n'eût été enregistré, le ministre de la guerre pensa, avec beaucoup de sens, qu'il fallait signaler le fait à l'Académie et lui demander un rapport.

Ce sont les discussions qui eurent lieu à cette occasion qui nous engagèrent à commencer sur les phénomènes de la foudre les études qui nous ont conduit à l'invention des contrôleurs, dont l'usage s'est

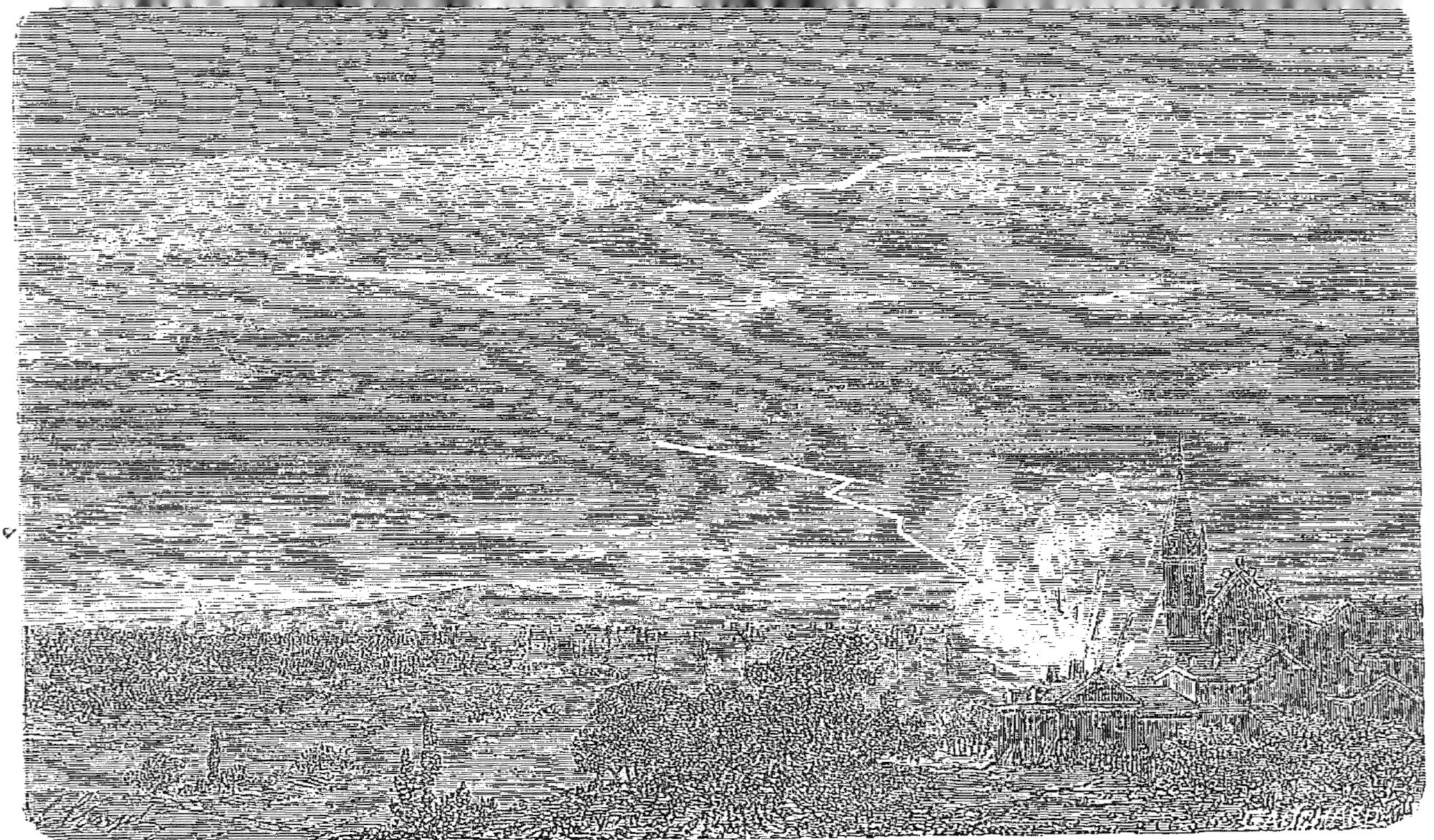

Fig. 28. Explosion de la poudrière de Brescia (États de la république de Venise), année 1765.

universellement répandu depuis que nous les avons
fait connaître.

LES ORAGES N'ONT PAS PEUR DES CLOCHES

Arago fait remarquer avec beaucoup de sens, dans
sa notice sur le *Tonnerre*, qu'il est facile d'expliquer
pourquoi tous les peuples sauvages cherchent à faire
fuir les nuages orageux en poussant des cris et en
faisant un charivari quelconque.

La nécessité de commencer par s'étourdir pour se
rassurer est commune à tous ceux qui ont peur.
Écoutez, dit l'illustre secrétaire perpétuel, le poltron
dans l'obscurité, vous l'entendrez chanter ! Voyez Paris
en proie à la Commune, on ne cessait d'y sonner le
tocsin, et d'y tirer une multitude de coups de fusil.
Jamais on n'a brûlé autant de poudre qu'en Chine
depuis que l'on redoute de voir les Français remonter
le Peïho comme ils l'ont fait du Yan-Tze-Kiang et de
la rivière de Fou-Tcheou.

L'idée d'employer les clochers à mettre en fuite les
orages n'a point de fondement beaucoup plus respectable.

« Que ces cloches chassent au loin les malignes
influences, les esprits tentateurs, les tourbillons, les
coups de foudre et le tonnerre ! Qu'elles dissipent les
embûches de nos ennemis, le fracas de la grêle, les
tourbillons, les ouragans et les tempêtes ! »

Voilà quelles sont encore les paroles dont on se
sert de nos jours dans le baptême des cloches. Le son

des cloches fait encore partie des cérémonies que l'on célèbre pour repousser les tempêtes.

Jamais pratique ridicule n'a été aussi générale et n'a eu des partisans si zélés.

L'abbé Thiers, malgré l'admirable bon sens dont il donne tant de preuves, jusque dans son *Traité des perruques*, se garde bien de faire figurer l'emploi des cloches, au nombre des superstitions qu'il combat.

Colin de Plancy, qui écrivit sur le même sujet il n'y a pas cinquante ans, ne se montre pas plus hardi.

Aucun des collaborateurs de l'*Encyclopédie catholique* de l'abbé Migne ne prend parti pour les évêques courageux qui s'élèvent contre une superstition plus dangereuse encore qu'elle n'est ridicule.

Boyle, peu crédule cependant, n'estima pas qu'il fût possible de se refuser à admettre un fait si triomphalement établi par un nombre immense de témoignages de toute nature. Le sceptique protestant se borne à chercher une explication qui paraîtra certainement de nature à faire regretter la foi naïve du charbonnier.

En effet, il expose assez péniblement que la foudre est produite par la chute des nuages de l'étage supérieur se précipitant sur les nimbus qui planent dans les régions plus voisines de nous. C'est ainsi, dit-il, que les neiges et les glaces qui couronnent les Alpes roulent dans le fond des vallées et remplissent les gorges de bruits rauques.

En partant de pareils principes, il était difficile d'arriver à une explication rationnelle. Après avoir essayé de développer ces pensées bizarres dans quelques paragraphes, Bayle ajoute que les cloches délivrent du danger des orages, parce qu'elles facilitent la dissolution des nuages dont l'accumulation est nécessaire à la production de la foudre.

Cependant quarante ans avant Franklin un orage mémorable avait démontré avec une admirable netteté le danger d'une pratique aussi niaise.

Dans la nuit du 15 au 16 avril 1718, il survint une violente tempête de foudre qui éclata au-dessus de Saint-Pol de Léon, petite ville de quelques milliers d'habitants où il n'y avait pas moins de vingt-quatre églises différentes.

Comme la superstition relative au pouvoir imaginaire des clochers était très répandue, dix-huit curés ordonnèrent à leurs sacristains de mettre leurs cloches en branle, six eurent la prudence ou le bonheur de s'abstenir.

Il arriva que les dix-huit églises dans lesquelles on sonna furent plus ou moins grièvement maltraitées, ce qui est très facile à comprendre parce que le métal de la cloche, étant mis en communication avec le sol par la corde et le corps du sacristain qui la mettait en branle, se comportait comme la pointe d'un paratonnerre imparfait.

L'Académie des sciences, dont l'attention fut immédiatement attirée, déclara, en s'appuyant sur le calcul des probabilités, qu'il fallait s'abstenir de sonner les cloches pendant les orages. En effet, il y a six cent mille chances contre une à parier que ce n'est pas le hasard qui a amené les catastrophes.

Mais comme le 15 avril 1718 tombait un vendredi saint, jour où il est interdit de mettre les cloches en branle, il se trouva des gens pour soutenir que si les sonneurs avaient été foudroyés, c'était pour avoir enfreint une loi positive, puisqu'ils avaient fait sonner leurs cloches en un jour *non sonnable*.

Nous n'en finirions pas si nous voulions citer tous les cas connus de sonneurs foudroyés en un jour *sonnable*. Nous nous bornerons à relater le coup de foudre qui tomba sur le clocher de Chabeuil, près de Valence. Les sonneurs étaient au nombre de onze, elle en tua neuf, et blessa les deux autres.

Depuis les défenses de l'Académie des sciences un grand nombre de personnes éclairées, parmi lesquelles on pourrait citer plusieurs évêques, ont protesté contre cette habitude au maintien de laquelle la piété *raisonnable* ne saurait être intéressée. En effet, comme Mgr Maret l'a indiqué dans un de ses derniers ouvrages sur la théologie, la religion n'a nullement à se préoccuper des doctrines scientifiques, qui sortent complètement de son domaine, et auxquelles elle emprunte des expressions dont le sens est susceptible de varier avec le temps. Mais cette sage séparation des domaines de la foi et de la raison n'a pas été toujours affirmée comme elle tend à l'être de nos jours.

En 1822, année de la grande éruption du Vésuve, de nombreux orages éclatèrent en France, et les croix de fer de beaucoup d'églises furent frappées

C'est à la suite de ces sinistres et d'autres, produits sur des édifices civils pourvus de mauvais paratonnerres, que le gouvernement demanda à l'Académie des sciences de formuler une nouvelle instruction ; mais malgré le désir qu'elle en éprouve manifestement, la commission n'ose point ordonner expressé-

Fig. 29. Un des sonneurs de Saint-Pol de Léon (Bretagne) foudroyé
pendant le grand orage de 1718.

ment de réunir ces morceaux de fer au système général de protection.

Nous avons trouvé dans les *Comptes rendus* de 1884 un article de M. Xambeus qui raconte qu'un accident de ce genre est arrivé à Saintes le 15 juillet de cette même année, parce qu'un sacristain s'était entêté à faire fuir un orage en sonnant les cloches d'une église de cette ville.

Il sera toujours immense le nombre de ceux qui ne sauront tirer des doctrines les plus sublimes, soit sacrées, soit profanes, que de vaines observances et de folles superstitions.

LA FOUDRE FAIT PERDRE LE NORD AUX BOUSSOLES

Les phénomènes d'aimantation que nous avons constatés chez le coutelier de la rue Caumartin sont très fréquents. Arago raconte un cas analogue qui, si nous ne nous trompons, a inspiré un des contes d'Hoffmann. La foudre tomba dans la boutique d'un cordonnier de Souabe, qu'elle épargna, mais elle se vengea sur les outils, auxquels elle donna un magnétisme tenace dont rien ne put triompher. Le pauvre Allemand, qui ne savait même pas ce que c'est qu'une aiguille de boussole faillit mourir de terreur quand il vit que son alène se précipitait sur son marteau et que ses tenailles s'y collaient aussi.

Mais c'est sur mer, où les coups de foudre sont beaucoup plus fréquents que sur terre, et où la direction de la boussole est examinée avec une attention scrupuleuse, que ces phénomènes ont été le plus souvent constatés.

En 1748 un coup de foudre ayant atteint le *Dover*, on s'aperçut que la plupart des pièces de fer entrant dans la construction du navire avaient été changées en aimants.

Au commencement du siècle, Scoresby, le célèbre explorateur des régions polaires se trouvait à bord du paquebot *le New-York*, qui dans sa traversée d'Amérique à Liverpool fut frappé par deux violents coups de foudre. En arrivant dans cette ville il constata que les clous des cloisons et des panneaux brisés, les ferrures des mâts tombés sur le pont, les couteaux et les fourchettes qui étaient dans la soute au biscuit, enfin les pointes d'acier des instruments de mathématiques, avaient tous été magnétisés.

Les pièces en acier qui entrent dans la construction des chronomètres avaient subi le même effet, et le chronomètre avait 54 minutes de retard sur le temps qu'il devait marquer.

Arago raconte deux événements tragiques qui ont eu pour cause unique des aimantations de ce genre. Le premier coûta des avaries graves au navire de guerre français *la Baleine*, qu'Arago lui-même vit entrer tout désemparé dans la rade de Palma. Le second, qui produisit des effets beaucoup plus funestes encore, occasionna la perte complète d'un bâtiment génois qui vint se briser sur la côte barbaresque, à quelques milles d'Alger. On apprit par les marins échappés au naufrage que, trompé par la position anormale prise par sa boussole, le capitaine croyait faire voile pour le nord tandis qu'il se précipitait sur les rocs inhospitaliers où régnait la milice des janissaires.

Le même phénomène se produisit à bord du navire *l'Albermale*, qui se trouvait à une centaine de lieues du cap Cod, quand il fut frappé, dans le courant de juillet 1681, d'un coup de foudre assez violent. En effet, il en résulta de graves dégâts dans les mâts, dans les voiles et même dans la coque. Heureusement la nuit était claire et permit aux marins de regarder les étoiles. Ils constatèrent bientôt que deux de leurs trois boussoles avaient été renversées, et l'accident n'eut pas d'autres suites.

Le navire *le Dover*, dont nous avons déjà parlé, fut moins bien traité, car le magnétisme de ses quatre boussoles fut renversé dans le coup de foudre du 9 janvier 1748. Heureusement les marins de l'équipage reconnurent également leur erreur.

Quelquefois il arrive que la force du coup de foudre est juste assez grande pour produire une pondération merveilleuse. Alors le magnétisme des aiguilles se trouve radicalement annulé, et elles ne valent pas mieux qu'un morceau de fer ordinaire.

Ce phénomène bizarre fut constaté sur plusieurs des boussoles que le paquebot *le New-York* avait à son bord. Presque toutes avaient été rendues folles sur leur pivot, et tournaient vers tous les azimuts, sans préférence pour un méridien quelconque.

Le *Journal de Silliman*, un des principaux recueils de la science américaine, nous apprend qu'un accident de cette nature arriva au brick *la Méduse*, pendant une traversée qu'il faisait du Havre à Liverpool.

On m'a cité l'exemple d'une boussole qui a été retournée tête-bêche dans l'habitacle d'une boussole d'une frégate au moment où elle quittait l'Angleterre. Le capitaine, qui s'était aperçu de l'accident ne prit pas la peine de revenir au point de départ; il donna à son timonier l'instruction de prendre l'extrémité bleue de l'aiguille pour l'autre.

Dans une ascension que j'ai exécutée au *Crystal Palace* de Londres, nous avions dans notre nacelle le capitaine Cheyne, un vieux loup de mer qui voulait employer les aérostats à la conquête du pôle nord, et qui faisait avec nous ses débuts d'aéronaute. Sa boussole s'étant retournée, il prétendait que nous naviguions vers la mer d'Irlande, mais comme je connaissais le paysage au-dessus duquel nous planions et que je voyais la direction des ombres je ne me laissai pas induire en erreur par cette inversion singulière produite peut-être par un coup de foudre obscur qu'accompagnait un tonnerre silencieux, comme le dit la chanson populaire.

En général, nous aimons à nous plaindre de la foudre comme des autres forces naturelles mais rarement nous nous plaisons à célébrer ses vertus civiles et politiques. Une seule fois, pendant tout le temps que nous avons été attachés à sa personne nous avons vu un sidéré reconnaissant. Il y a dans le bout de la rue Caumartin une boutique de coutelier où la foudre, attirée par sa marchandise, est entrée dans les dernières années de l'Empire, à peu près à l'époque de l'affaire Noir. Je me suis précipité sur ses traces, et j'ai constaté que des aiguilles avaient été aimantées dans une mansarde de la même maison. J'ai pris ces aiguilles et je les ai distribuées aux jeunes filles qui suivaient dans le voisinage, à la salle des Capucines, un cours supérieur dont j'étais chargé. Je publiai un récit détaillé dans la *Liberté* : suivant son usage constant, le *Petit Journal* démarqua ma prose. Les affaires du coutelier doublèrent ; par reconnaissance le coutelier changea l'enseigne de sa maison et prit pour devise : *Au coup de foudre.*

Dès notre première édition nous avons demandé que les horlogers construisissent des montres tout en cuivre pour éviter cet inconvénient. Notre suggestion n'avait point produit d'effet. Mais on a observé depuis que les machines magnéto-électriques fabriquant des courants pour la lumière produisaient le même effet sur les montres des spectateurs. Il en résulte qu'un des plus habiles opticiens de Londres a mis en vente des articles d'horlogerie fabriqués comme nous l'avons conseillé.

LE TONNERRE A LA VOILE

L'exemple de navires foudroyés à différentes reprises est beaucoup plus commun qu'on ne le croirait, surtout après ce que l'on sait de la rareté des orages en mer. Le *Rudder* fut foudroyé une seconde fois quinze jours après avoir essuyé une première décharge ; le *Saxon*, dix jours seulement après avoir été touché une première fois ; le *Massachusetts* fut visité deux fois par la foudre en une heure ; la *Louise* reçut six coups dans la même période ; enfin, le *West-Point* eut à soutenir une espèce de lutte contre le tonnerre. L'acharnement des météores fut si grand, si inconcevable, que le navire essuya sept décharges terribles, sept bordées célestes, éclatant à quelques minutes d'intervalle, qui lui enlevèrent une portion de son équipage.

Les vaisseaux modernes, où le fer est si généreusement prodigué, ont tout ce qu'il faut pour attirer la foudre avec une grande énergie. Tant qu'ils n'ont pas été protégés d'une façon suffisante ils ont déterminé la chute de coups de foudre qu'ils avaient provoqués.

Ainsi les registres de l'amirauté anglaise nous apprennent que, de 1810 à 1815 seulement, la marine royale de la Grande-Bretagne perdit soixante-dix navires mis hors de service par le feu des orages. Nous pourrions dire que le dieu des armées navales avait pris la défense des Français, obligés d'abandonner les mers, et qu'il foudroyait les successeurs de Nelson pour venger Napoléon le Grand du désastre de Trafalgar.

Nous préférons rappeler simplement que la décomposition des fluides naturels était aidée par la présence des canons et des boulets accumulés dans les navires de Sa Majesté Britannique. Ce qui nous confirmera dans cette opinion moins patriotique, mais plus raisonnable, c'est que la moitié des navires désemparés étaient à deux ou trois ponts ; les pertes avaient donc porté sur la classe des vaisseaux de ligne dans une proportion beaucoup plus grande que leur nombre. La *faveur* dont ces navires ont été l'objet prouve déjà que la foudre choisit en général ceux qui ont à leur bord une cargaison compromettante. Immédiatement après la paix, nous voyons le nombre des sinistres descendre. Le ciel cessa de s'acharner parce que ces bâtiments avaient cessé de transporter des objets compromettants. Des gens superstitieux pourraient dire qu'ils avaient trouvé grâce devant l'Éternel parce qu'ils étaient en paix avec la France.

Les coups de foudre maritimes atteignent quelquefois des proportions gigantesques, dont les orages terrestres ne permettent point de se faire une idée; car quelquefois il suffit d'un seul coup de foudre pour envoyer un navire au fond de l'océan. Rien que dans les deux années 1829 et 1830, la marine royale d'Angleterre perdit ainsi deux bâtiments qui ne laissèrent pas plus de trace que la *Ville du Havre*. Qui nous dira combien de vaisseaux ont été engloutis de la sorte dans les mers lointaines? Combien seraient revenus de leurs croisières s'ils avaient été pourvus de paratonnerres, ou si leur paratonnerre avait fonctionné d'une façon satisfaisante?

Depuis cette époque, un habile physicien, sir Snow Harris, a fait adopter par l'amirauté anglaise un système de paratonnerre en cuivre, dont nous dirons quelques mots plus loin. Il y a douze ans, nous avons été dans les bureaux de cette haute administration pour demander, au nom de M. Jules Simon alors ministre de l'instruction publique, combien d'accidents avaient lieu, en moyenne, à bord des navires de guerre. On nous aurait ri au nez si la proverbiale gravité britannique ne s'y était opposée. Mais on nous répondit avec cette politesse glaciale dont nos voisins de l'autre côté de la Manche ont le secret : *Mais, monsieur, répondez à votre ministère qu'il n'y en a pas un seul!!!*

Sur mer, la foudre a été domptée d'une façon absolue, parce qu'on a *radicalement* adopté le procédé que la science indiquait.

Il est juste d'ajouter que l'usage des navires tout en fer a rendu les paratonnerres complètement inutiles dans la marine, et que les boussoles ni les chronomètres de l'époque actuelle n'ont plus rien à redouter du feu du ciel. N'est-il pas curieux de constater l'importance des révolutions que le progrès des arts et des sciences introduit successivement dans le rapport de l'homme civilisé avec la foudre?

Un auteur anglais raconte à ce propos une anecdote fort curieuse.

En 1855 Harris habitait, près de Portsmouth, un chalet d'où il pouvait dominer toute la rade. Avant de mourir, cet homme, qui avait passé sa vie à faire adopter les paratonnerres par les navires de Sa Majesté a pu voir manœuvrer la première flotte de cuirassés, qui n'avait pas besoin de ses magnifiques appareils.

Sa seule consolation fut, paraît-il, de songer que le système qui avait produit de si brillants résultats sur mer serait appliqué sur terre d'une façon universelle.

UN HOMME CHANGÉ EN BOUTEILLE DE LEYDE

Le docteur Boudin raconte dans les *Annales d'Hygiène* une aventure qui fait rêver.

Dans la journée du 30 juin 1854, un malheureux fut foudroyé près du Jardin des Plantes. Pendant quelque temps son corps resta exposé à une pluie battante. Lorsque l'orage se fut apaisé deux soldats se mirent en devoir de relever le cadavre, mais au moment où ils le touchèrent, ils reçurent une commotion violente et même douloureuse.

Depuis lors nous avons vu rapporter, il y a une vingtaine d'années, un fait analogue.

Le 17 août 1863, vers trois heures de l'après-midi, un violent coup de tonnerre éclate à Huttersdorf, village de la Prusse rhénane. La foudre se dirige contre un groupe composé d'un homme, d'une jeune fille et d'un enfant. L'homme est foudroyé à mort, la jeune fille et l'enfant n'ont aucune blessure, par suite d'une sorte d'immunité spéciale dont nous chercherons un peu plus bas la cause.

Cependant les effets dynamiques de la foudre ont été si terribles que deux fois la jeune fille et l'enfant se relèvent inutilement sans pouvoir se tenir sur leurs pieds ; c'est à la troisième reprise qu'ils parviennent à rester debout, et qu'ils peuvent songer à leur malheureux compagnon qui, étendu à leurs pieds, reste immobile pour toujours.

Il faut évidemment des circonstances bien particulières pour qu'un corps humain puisse servir de bouteille de Leyde et qu'une certaine quantité de matière fulgurante puisse s'y accumuler, mais il est évident, qu'aucune impossibilité physique ne s'oppose à ce qu'une substance animée, séparée du réservoir commun par des vêtements non conducteurs puisse servir d'armature intérieure comme un morceau de métal. Du reste, des expériences directes sur de petits animaux sidérés avec la machine Ruhmkorff, auraient résolu de la façon la plus satisfaisante une question dont l'importance historique est extrême.

En effet, si les effets du feu du ciel peuvent ainsi persister, on comprend que les anciens aient pu dire : « Place à la foudre ; ne cherchez pas à secourir ceux que Jupiter à frappés dans sa justice. »

LA FOUDRE ET LES EMPEREURS

Sémélé ne put se contenter longtemps, dit la légende, de recevoir Jupiter dans l'humble déguisement qu'il avait pris pour dissimuler son rang suprême. Elle supplia son divin amant avec tant d'ardeur de se montrer dans toute sa gloire, qu'il se vit obligé de condescendre à satisfaire un caprice dont il comprenait mieux que personne tout le danger.

L'ambitieuse fut satisfaite et le roi des cieux parut devant elle avec tous ses rayons, mais l'éclat dont le dieu fut entouré produisit sur la malheureuse l'effet d'un terrible coup de foudre, et la réduisit en poussière. Jupiter n'eut que le temps de sauver le fils qu'elle portait dans son sein. Comme ce fils n'était point encore d'âge à être lancé dans le monde, il le renferma dans sa cuisse. Cet enfant, espèce de Moïse sauvé non des eaux du Nil, mais du feu céleste, n'était autre que Bacchus, à qui nous devons la connaissance de la vigne et l'usage du vin.

Il était naturel que cette fable poétique laissât des traces dans les opinions des anciens et que l'on s'imaginât que l'arbre consacré au Dieu qui avait échappé d'une façon si merveilleuse, fût un véritable talisman contre le feu du ciel.

Ils avaient attribué la même propriété aux essences résineuses telles que le laurier. Ils poussaient si loin leur croyance à l'efficacité de ce préservatif que, suivant Suétone, l'hôte de Caprée se mettait une couronne de laurier sur la tête chaque fois qu'il entendait le tonnerre. Comme le dit très finement Arago, deux mille ans d'observations n'ont pas justifié une seule fois des prétentions semblables.

Suétone, qui s'attache à nous faire connaître les petits côtés des grands, nous raconte qu'Auguste portait une tunique de veau marin pour se garantir des carreaux de Jupiter. Cette superstition tenait à la couche de graisse dont cet animal est entouré et qui l'isole au milieu des eaux à peu près comme l'oiseau de Jupiter l'est au milieu des airs. Mais cette précaution n'était pas moins vaine que celle de son successeur et tenait à la même erreur.

S'il n'avait été parfois trop indulgent pour ses prédécesseurs, l'illustre secrétaire perpétuel aurait même pu raconter une histoire fort curieuse qui montre que ces puérilités des anciens ont été accueillies avec bonheur par les ennemis des paratonnerres. Lors de leur invention l'abbé Nollet, qui se montra tellement opposé à Franklin, tourna en ridicule le grand Américain, et déclara qu'il fallait fuir ses tiges par la même raison qui fait que lorsqu'il pleut, et qu'on ne veut pas se mouiller, on ne va pas se placer sous la gouttière.

Tout ce qui suit prouve qu'au contraire c'est sous la gouttière électrique qu'il faudra aller pour braver la foudre. Le moins efficace, le plus incommode et le plus ridicule de tous les moyens de protection que l'on puisse adopter est certainement la cloche à melon sur un gâteau de résine, appareil grotesque qui a été sérieusement proposé par les admirateurs du bon abbé, et qui est la condamnation de sa doctrine.

En effet la foudre est comme un tyran jaloux, c'est surtout lorsqu'elle se fâche qu'elle est dangereuse. L'art du physicien doit être non pas de la repousser, mais de lui ouvrir toutes grandes les portes du réservoir commun où elle se précipite.

Elle est plus semblable dans ses habitudes despotes, que ne le pensaient les despotes qui cherchaient à la fuir.

La foudre semble, au premier abord, être coupable de la mort d'un si grand nombre de princes, que l'on comprend l'effroi d'un tyran chaque fois qu'il voit la nue s'ouvrir. Mais des esprits sévères se diront que le météore a bon dos. Les historiens qui lui font enlever Romulus ne m'ont jamais convaincu; malgré ce qu'a pu dire Julius Proculus, je soupçonne que les pontifes sont pour quelque chose dans le trépas de Tullius Hostilius.

Ne reconnaît-on pas en quelque sorte la main des assassins dans la fin funeste de Caïus? Est-ce que cet empereur foudroyé n'avait pas dans son état-major Arius Aper, cet homme sanguinaire que Dioclétien fit périr dans les supplices comme coupable du meurtre de Numérien? Croit-on que ce soit le feu du ciel qui ait réellement frappé l'empereur Anastase? Peut-être;

Fig. 50. Cloche paratonnerre sur support isolant.

mais il faudrait oublier que ce prince se brouilla avec certaines gens, qui ne pardonnent que rarement à leurs adversaires; et qui ont eu plus d'une fois des moyens matériels de faire descendre la foudre sur leurs ennemis sans avoir recours aux enchantements de Numa Pompilius.

En général, quand on laisse la foudre à ses inspirations, elle semble épargner les souverains et n'être dangereuse que pour leur entourage.

La raison n'est pas parce que les carreaux respectent les têtes couronnées. Mais il est rare que les majestés se trouvent isolées, sans coureur d'avant-garde et sans escorte, par crainte non peut-être de la foudre, mais certainement des mauvaises rencontres.

S'il est vrai, comme nous le pensons, que les broderies et les galons dont les collègues terrestres de Jupiter aiment à se couvrir attire son fluide, c'est presque toujours quelqu'un de ses domestiques qui est frappé pour lui.

Il paraît certain que la foudre qui tomba sur la litière d'Auguste, en expédition chez les Cantabres, ne lui fit pas éprouver le moindre mal, pendant qu'elle tuait l'esclave qui portait la torche destinée à éclairer sa route.

Éginhard raconte un fait analogue de Charlemagne. Le cheval qu'il montait fut tué par une foudre étrange qui ne fit pas de mal au cavalier.

Sans doute il ne manque point, en notre siècle sceptique, de flatteurs qui chercheront à faire croire à une immunité du rang suprême. Mais comment ne pas nous rappeler ce qui arrive souvent lorsqu'on fait la chaîne auprès d'une machine électrique? Qui ne sait que les personnes situées aux extrémités reçoivent les chocs les plus intenses, qu'elles sont quelquefois les seules à recevoir des secousses?

Est-ce que des hommes qui marchent à la suite les uns des autres ne peuvent pas être considérés comme étant dans la même position que ceux qui se touchent la main et sont rangés en ligne.

Nous avons rendus compte dans le *Soir* d'un accident terrible arrivé à Pau à un certain nombre de frères de la Doctrine chrétienne qui faisaient leur promenade quotidienne. Le premier de ces religieux fut foudroyé à mort, et celui qui marchait le dernier grièvement blessé, aucun des autres ne fut touché d'une façon sérieuse.

Un accident survenu au jeune roi de Grèce, qui revenait dans son petit État après une visite à la patrie d'About, semble contraire à cette théorie. En effet, le monarque fut frappé par un coup de foudre qui l'étendit raide, sur le pont du vapeur qui le portait.

Mais si le successeur de Codrus a été touché c'es que, s'il peut porter plus de broderies qu'un souverain plaçant sur sa tête la couronne de Charlemagne, son état territorial ne lui permet pas d'avoir le train d'un empereur.

LES PRÉFÉRENCES DE LA FOUDRE

Lorsque la foudre tomba, le 12 août 1785, sur M. d'Aussac, ce malheureux gentilhomme n'était pas seul à chevaucher sur la route maudite où il trouva la mort. A côté de lui se trouvaient MM. de Gontran et de Lavalongue, dont les chevaux furent tués.

Nous demanderons involontairement comment il se fait que ces deux personnes aient été épargnées. Évidemment il y a une raison physique que nous pourrions déterminer si nous connaissions mieux les conditions physiques des phénomènes; mais qui nous dira pourquoi l'éclair a choisi deux victimes parmi les quatre cents spectateurs de la salle de Mantouc? qui est-ce qui découvrira la cause du choix des dix individus tués par le coup de tonnerre qui visita la salle de spectacle de Feltre dans la nuit du 26 au 27 juillet 1779?

Bien plus malin encore celui qui nous dira pourquoi plusieurs personnes ont été frappées à plusieurs années d'intervalle. Est-ce que le feu du ciel éprouverait quelque singulière satisfaction à renouveler les anciennes blessures qu'il a faites? C'est ce que l'on serait tenté de croire en voyant Mme Haine, Américaine de l'Indiana, frappée au pied deux fois successives. Ne croirait-on pas qu'il tient à reprendre ceux qu'il a marqués de son sceau, et qu'il considère comme devant lui appartenir, quand on apprend que le père Bosco a été foudroyé à trois reprises, à plusieurs années de distance?

Le nombre des sidérés est si petit, que la répétition de ces événements ne saurait être l'effet du hasard. Il serait plus facile de gagner plusieurs quines successifs à l'ancienne loterie royale, que le terne du père Nollet à la loterie du tonnerre.

Il faut admettre que certaines personnes ont la faculté d'attirer la foudre, ce qui n'a rien de surprenant, puisqu'il faut confesser qu'elle préfère les animaux à l'homme.

On dirait que de toutes les espèces d'animaux qui couvrent la surface du globe, la race humaine est celle qui vit le mieux dans la société dè la foudre.

La foudre tomba, dit la chronique, sur la fameuse abbaye de Noirmoutiers, dans le courant de l'année 1715; elle tua vingt-deux chevaux dans les écuries, mais elle ne fit aucun mal aux cent cinquante religieux qui étaient réunis dans le réfectoire, auquel elle rendit cependant visite. En effet, elle renversa la bouteille que chacun des cent cinquante révérends pères avait devant lui, et qui renfermait ce que la chronique, toujours véridique, appelle la ration d'abondance.

Le 26 septembre 1820, la foudre tombe sur un paysan qui conduit péniblement sa charrue; le coup est si violent, que les pauvres animaux qui la traînaient sont renversés, foudroyés à mort, à côté du laboureur. Celui-ci n'est qu'étourdi. Après quelques minutes d'étonnement, il se relève sain et sauf, sans autre mal que la peur.

Le 13 août 1862, un fermier de Saint-Gerges sur Sarre menait un attelage de quatre bœufs, lorque la foudre se précipite sur sa voiture. Deux animaux sont tués, un troisième est jeté sur le flanc, entièrement paralysé du côté gauche. Que croyez-vous qu'il arriva au fermier du passage d'un courant susceptible de terrasser trois êtres si robustes? Il en est quitte pour un léger engourdissement!

En 1525, un coup de foudre éclate près de Worcester, et frappe une jument, mais non l'enfant qui la menait à l'abreuvoir. En l'an IX, ayant à choisir entre un cheval, un mulet et un charretier, l'étincelle atmosphérique prend le mulet et le cheval, mais elle respecte le charretier.

En 1810, la foudre pénétra dans la chambre d'un M. Corven qui était à jouer avec son chien; elle tue le chien, mais elle ne fait rien au maître.

Neuf ans après la mort du chien de M. Corven, elle s'introduisit dans l'église du Château-Neuf. Elle n'ôte la vie qu'à cinq personnes sur les deux cents qui s'y trouvaient rassemblées. Mais aucun des chiens qui s'étaient glissés dans l'enceinte consacrée en même temps que les fidèles n'est épargné; ils sont tous étouffés sans miséricorde. Il ne manquera peut-être pas de gens pour dire que cela tient à ce que la présence de ces animaux en ce lieu était un sacrilège.

Le 9 mai 1855 la foudre tombe dans un champ de la commune de Saint-Léger, où se trouvaient un troupeau de soixante-dix-huit moutons et deux chiens; tous les ruminants sont tués roide, mais la femme qui gardait le troupeau n'est que légèrement atteinte. Même dans le cas où le berger partage le sort de son troupeau, ces animaux sont en quelque sorte plus sévèrement traités.

Le 11 mai 1865, vers six heures et demie du soir, un formidable coup de tonnerre se fait entendre au sommet de la montagne dite Gay-Vieux-Sarts. Le berger d'un troupeau qui fut détruit n'est pas épargné. Il est tué avec les cent vingt-six moutons qui lui avaient été confiés. Quand on ramassa les cadavres, on trouva que les cheveux du berger avaient été enlevés et que ses vêtements avaient été réduits en lambeaux. Un

petit crucifix en métal et un scapulaire, loin de le
protéger (avis aux porteurs de reliques). avaient été
lancés à quinze mètres de distance. Mais si l'homme
avait été tué, l'action du fluide avait été autrement
puissante sur les bêtes ; quelques-uns des moutons
avaient la tête percée d'outre en outre, d'autres avaient
même le cou coupé net comme s'ils avaient été
guillotinés.

Ce n'est pas seulement d'une espèce à l'autre que
ces étranges différences doivent être notées ; mais dans
le sein de la race privilégiée l'on pourrait sans doute
constater des inégalités saillantes. Il est impossible de
ne pas songer à l'idée que la nature ait senti la nécessité de protéger les nègres, comme s'ils couraient
des dangers exceptionnels. On dit qu'un seul suffit
pour arrêter la commotion d'une machine électrique à
roue de verre, quand on l'intercale dans une chaîne
de personnes appartenant à la race blanche. C'est une
expérience qu'il serait très facile de faire.

Le nombre des femmes sidérées est si petit par
rapport au nombre des hommes, que l'on est tenté de
croire à une immunité spéciale tenant à une raison
inverse, à ce que nos sœurs ont une peau fine et
tendre. Il semble que, placées au milieu d'hommes,
elles ne soient guère plus exposées qu'un berger au
milieu de ses bêtes.

Le 1ᵉʳ août 1854, la foudre tombe à Pierrecourt
(Haute-Saône) ; elle frappe, au milieu d'un champ, un
homme et une femme qui travaillaient à côté l'un de
de l'autre. L'homme est tué raide, tandis que la
femme échappe ; elle s'en tire avec une paralysie tout
à fait passagère.

Le coup de tonnerre de Mailleret est encore plus favorable au beau sexe. Une famille composée de cinq personnes, la mère, deux fils et deux filles, se réfugie sous un arbre pendant un violent orage. La foudre vient à tomber au milieu de ce groupe : l'un des fils est tué et l'autre blessé : les deux filles en sont quittes pour la peur, la mère seule éprouve une commotion qui aurait suffi pour assommer un homme; elle ne reçoit qu'une légère blessure.

Le 27 mai 1853 l'étincelle atmosphérique tombe à Aigremont, village du département du Gard.

Elle frappe un groupe composé de sept femmes et d'un berger. Le berger, tué roide, tombe sans faire un mouvement; les sept femmes se relèvent bientôt aussi bien portantes, mieux peut-être qu'avant la catastrophe.

Le 17 août 1863, vers trois heures de l'après-midi, un violent coup de tonnerre éclate à Hutter-dorf, village de la Prusse rhénane. La foudre se dirige encore contre un groupe composé d'un homme; d'une jeune fille et d'un enfant. L'homme est foudroyé à mort, mais la jeune fille et l'enfant ne recoivent aucune blessure.

Il y a dans ces faits quelque chose de rassurant pour le beau sexe, et qui peut jusqu'à un certain point consoler les disciples de Mlles Maria Deraisme et Hubertine Aucler de ne point être électrices. Toutefois nous engageons nos sœurs à ne point se fier-indéfiniment aux galanteries du tonnerre. Ainsi nous voyons que la foudre étant tombée, le 1er octobre 1868, sur un hêtre, dans la commune de Perret (Côtes-du-Nord), la seule personne qui fut touchée était une femme; les vêtements, mis en fines lanières, furent retrouvés dans les branches.

Cette mort était une véritable catastrophe, car la sidérée était une mère de famille laborieuse qui soutenait un mari infirme et deux enfants par son travail.

AVANTAGE D'AVOIR DES PETITS PIEDS

Mais comme nous l'avons dit plus haut, la foudre est un esclave qui ne sait qu'obéir. S'il a frappé cette malheureuse, ce n'est point par inhumanité, mais par ce qu'elle avait dans sa poche, ses ciseaux et ses aiguilles.

Si les moutons dont nous avons rapporté le triste sort ont été tués, c'est que la pluie avait rendu leurs toisons conductrices et que leur corps était isolé d'une façon trop imparfaite par le suint qui imprègne surtout la base des poils.

Si les chevaux ont été sacrifiés, c'est qu'ils portaient à la partie inférieure de leurs jambes, les fers que le maréchal ferrant y avait attachés.

Oh merveille ! le sabot qui fait jaillir l'étincelle du pavé peut aussi soutirer le feu des nuages.

En général les pieds des hommes et des femmes sont également bien protégés contre le feu du ciel et contre l'humidité du sol par des chaussures en cuir suffisamment imperméables, mais en temps d'orage ces chaussures, détrempées, par l'eau remplissent imparfaitement leur office.

Si les femmes sont moins souvent atteintes c'est

qu'elles ont les extrémités des membres inférieurs
beaucoup plus finement modelées. C'est que ces êtres,
d'une essence délicate, ne tiennent que le moins
possible à la terre.

Dans les circonstances où la foudre n'hésitera pas
à sacrifier une campagnarde aux allures masculines,
elle n'enlèvera pas un seul cheveu de la tête de ces
êtres charmants dont tout le tort est souvent de trop
bien se rendre compte de l'étendue de leur puissance.

Leur grâce et leurs attraits les préservent donc
plus qu'elles ne le pensent contre les brutales atteintes
du fluide dont les anciens réservaient la possession
au plus puissant et au plus jaloux des dieux. Jupiter
semble s'être interdit lui-même d'anéantir ainsi son
plus bel ouvrage.

DANGERS DE LA COQUETTERIE

Mais ces immunités naturelles ne sont point indé-
finies.

Si des bergères ont été épargnées parce que, dans
un sentiment de coquetterie fort légitime, elles ont
refusé de border leurs sabots avec du fer, des grandes
dames ont été sacrifiées à cause de l'or qu'elles portaient dans leur chevelure ou dans les autres parties
de leur parure.

M. Boudin rédacteur des *Annales d'hygiène* a
publié, dans ce recueil et ailleurs, des statistiques
qui semblent prouver que le nombre des fulgurations

féminines n'a point été augmenté par la manière
dont l'usage des crinolines s'est répandu à une certaine époque. Cela tient probablement à ce que les
bergères n'ont traîné que rarement leurs cages de
fer aux champs, où elles ne pouvaient guère les faire
admirer qu'aux moutons, aux porcs ou aux dindons,
dont malgré leur désir de plaire, elles n'ambition-
naient que médiocrement la conquête.

Arago rapporte, sur la foi d'un auteur allemand,
l'histoire fort intéressante (même lorsqu'elle aurait été
inventée à plaisir), d'une jeune fille à qui la foudre
avait enlevé une aiguille d'or qu'elle portait dans ses
cheveux. La foudre avait fondu ce bijou sans faire de
mal à la jolie promeneuse. Mais sans ce bijou le feu
du ciel n'aurait pas troublé la rêverie de Gretchen.

Voici une curieuse et dramatique aventure. Une
femme somptueusement parée s'approche d'une fenêtre pendant un orage. La foudre, qui semblait
guetter sa proie, enleva le bracelet de cette élégante sans que son bras éprouvât de mutilation, sans
qu'elle s'aperçût du larcin avant d'être remise de la
frayeur qu'elle éprouva à la suite de l'épouvantable
décharge.

Ce danger spécial, fort réel, attira sans doute trop
vivement l'attention du célèbre Bridoine. Désespérant
de voir les femmes renoncer à une mode qui rehausse
trop bien leurs charmes, l'illustre voyageur voulut
remédier au danger par un procédé mécanique. Il
imagina donc un paratonnerre à l'usage des femmes,
et proposa à chaque femme de porter dans ses jupes
une petite chaîne ou un fil d'archal qu'elle accro-
cherait en temps d'orage aux parties métalliques de

sa coiffure. Il lui semblait, avec raison du reste, que la matière fulminante s'écoulerait jusqu'à terre par cette route facile. La foudre ne serait plus obligée de traverser les membres inférieurs, en produisant sinon toujours la mort, du moins presque toujours de terribles accidents. Un farouche prédicateur du temps déclara qu'il valait mieux laisser les pécheresses exposées au feu du ciel. Si quelqu'une était foudroyée, s'écria-t-il, tant mieux, cela ferait peut-être peur aux autres ! Mais si l'or attire la foudre la soie la repousse, de sorte que la coquetterie est un peu comme la lance d'Achille qui guérit les maux qu'elle fait.

Notre grand-père raconte, dans ses mémoires, qu'il fut frappé d'un grand coup de foudre tombant sur le parapluie en soie qu'il tenait à la main, et qui ne lui fit aucun mal corporel, mais qui ne fut pas sans lui nuire plus que s'il avait été blessé, parce que, se croyant l'objet de la protection céleste, il s'imagina qu'il avait une mission à remplir sur la terre.

Depuis lors il se consacra à la défense du trône des Bourbons, et il foudroya à son tour les ennemis du roi ; mais quoique décochés par un auteur miraculé, les traits du chevalier de Fonvielle n'ont pas empêché la monarchie française de disparaître sous les coups des petits-fils de Voltaire. Nous en concluons que la soie du parapluie qu'il tenait à la main était bien pour quelque chose dans le salut de notre grand-père. Dieu sans doute ne s'était point aperçu de l'aventure.

Nous avons représenté plus haut un des originaux auxquels un ingénieux fabricant a tourné la tête, et qui, imitant à sa manière les Césars, se met sous une cloche placée sur un gâteau de résine chaque fois qu'il aperçoit des éclairs, croyant ingénument qu'il les fait fuir. Le tonnerre rirait certainement aux éclats s'il pouvait avoir conscience de toutes les bêtises que l'on débite sur son compte.

Toutefois nous ne pouvons nous empêcher d'admirer le bon sens d'un auteur qui montre très bien que la foudre engage les propriétaires à ne pas attendre l'hiver pour ramoner les cheminées des appartements habités, mais de le faire au printemps, au commencement de la région orageuse. En effet la suie, étant un très bon conducteur, attire la foudre dans les chambres habitées. On citerait nombre de cas où le fluide ne pouvant entrer par les fenêtres qu'on avait barricadées a pris ce moyen détourné d'envahir les immeubles.

Nous terminerons en rappelant la folie de Franklin qui se promenait dans les rues de Paris avec des parapluies déstinés à le protéger contre la foudre les appareils plus dangereux qu'utiles se terminaient par une chaîne de cuivre destinée à conduire le fluide dans le ruisseau et qui traînait à terre.

LA MENUE MONNAIE DE LA FOUDRE

En 1850, Joule, célèbre physicien établi à Manchester depuis de longues années, observa un magnifique exemple de dispersion de la foudre. Il vit, pendant un violent orage, un splendide arbre lumineux, avec un tronc robuste hardiment dessiné et des bran-

Fig. 31. Parapluie paratonnerre, système imaginé par les enthousiastes
du système Franklin.

ches, se montrer subitement au milieu des nimbus.

Liais, dans son magnifique ouvrage de l'*Espace céleste*, donne la figure d'un éclair arborescent qu'il aperçut au Brésil.

L'électricité, dont l'ambition paraît immense, semble se précipiter à la fois dans toutes les routes qui sont ouvertes. C'est ainsi que les humbles courants voltaïques se partagent entre les branches d'un circuit

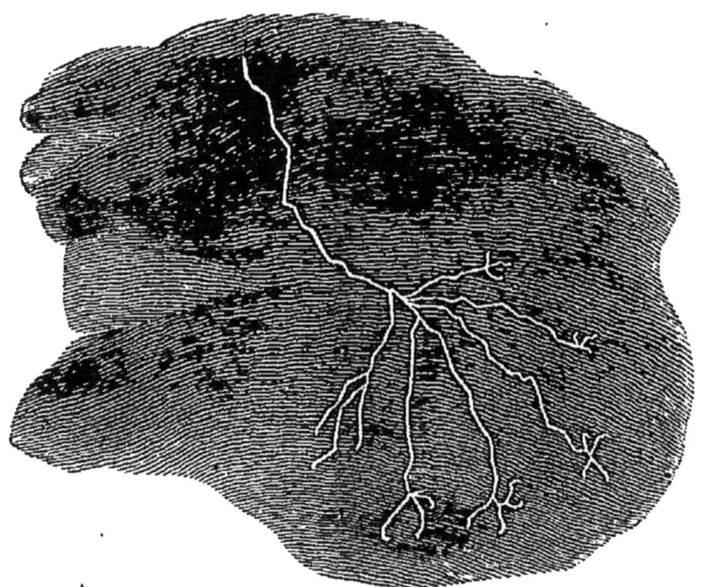

Fig. 52. Éclair ramifié observé par Joule à Manchester en 1850.

métallique. Aucune limite ne s'oppose à ce merveilleux éparpillement.

La loi de Pouillet règne sans partage dans le ciel comme dans nos laboratoires, ou dans les télégraphes électriques et par conséquent dans la terre. Quelques auteurs constatent ce fait avec une surprise voisine de l'incrédulité. En effet, dans les observations relatives à la foudre, il y a toujours une grande porte tout ouverte au scepticisme. Comment se fier aux sens pour contrôler une observation qui ne peut durer qu'une imperceptible fraction de seconde? C'est ce que nous avons essayé de faire pendant plusieurs années, et nous avons réussi à recueillir un grand nombre de faits curieux. Mais nous nous sommes dégoûté en voyant que nous finissions par perdre tous nos éditeurs et tous nos journaux, parce qu'on finissait par supposer que le tonnerre nous avait brouillé la cervelle. Nous avons laissé ces recherches à des savants étrangers, qui n'ont point les mêmes obstacles à redouter. Pendant que des jaloux, des pédants insurgés contre le bon sens nous mettaient en quarantaine, nous avons fait école ailleurs.

En août 1777, la foudre rompit la croix en fer qui surmontait la flèche du clocher de l'église de Crémone. Elle lança au loin une girouette en cuivre étamé qui tournait juste au-dessous de la croix, et qui était recouverte sur ses deux faces d'une couche épaisse de peinture.

Quand on ramassa cette lame de métal, on trouva qu'elle était percée de dix-huit trous dont les barbes étaient toutes parallèles, et de plus dirigées suivant deux directions opposées; neuf de ces crêtes circulaires sortaient d'une face, et neuf, au contraire, émanaient de l'autre.

Qui donc oserait prétendre cette fois qu'une disposition aussi compliquée est l'œuvre d'un pur hasard, la réunion purement accidentelle d'éléments fulgurants tombant du dehors?

Ne semble-t-il pas démontré aux yeux, aux mains, à tous les sens, qu'un fluide subtil était renfermé

dans l'intérieur de la girouette avec une énergie
furieuse, qu'emprisonnée de partout par la couche isolante, la substance mystérieuse a brisé le rempart de
peinture et pratiqué les brèches régulières, par lesquelles les éléments antagonistes, se précipitant avec
fureur, ont dû se fuir les uns les autres?

Quoique réduite en menue monnaie, la foudre est
terrible. Il y en a assez dans le plus petit fragment
pour que l'être le plus robuste ait son compte. Chaque
trait isolé, le plus minime, a la puissance de frapper
à mort, tant est grande l'énergie de cette substance
invisible, impalpable, incompréhensible, dont toutes
les molécules de la matière semblent saturées, dont
elles sont imprégnées en quantités qui ne sont point
susceptibles de mesures analogues à celles auxquelles
la matière pondérable est soumise.

Le 28 juin 1865, la foudre tombe, vers sept heures
du soir, sur un groupe de seize cultivateurs occupés
à travailler dans une lande située près du moulin de
Lorozen, commune de Coray (Finistère). Partagé en
seize branches différentes, le météore frappe seize
victimes à la fois : six sont terrassées, trois sont con-
tusionnées, et les sept autres sont foudroyées à mort.
Les cadavres de ces sept malheureux sont dépouillés
de leurs vêtements, que le tonnerre déchire et lance
à une grande distance.

Le 18 juin 1865, à deux heures de l'après-midi,
pendant la guerre d'Amérique, on relevait les hommes
de garde à Zullahorna dans le Tennessee. Subitement
un éclair sillonne le ciel. On entend éclater un coup
de foudre épouvantable. Toute la garde descendante
et une partie de la garde montante sont renversées

par un choc si violent que les soldats tombent les uns sur les autres. Bientôt ils se relèvent sauf un seul qui a été tué, mais trente-deux portent la trace de blessures.

Le factionnaire, devant lequel se passe la scène, est le seul, chose étrange, qui ne soit point terrassé; mais son fusil est arraché de ses mains, comme s'il avait été arraché par un *sesech* invisible doué d'une force immense. Avant de retomber à terre, l'arme exécute une effrayante culbute, on la trouve profondément enfoncée dans le sol.

LES FAUX JUPITERS

Les anciens faisaient de la foudre une partie essentielle des marques de la puissance divine. C'étaient des foudres que les aigles, ces hérauts ailés de Jupiter, portaient dans leurs serres. Lui-même, le bruit du tonnerre, était en quelque sorte considéré comme sacré, et le contrefaire était par conséquent une sorte de sacrilège. Qui n'a oublié le supplice de Salmonée, ce prince orgueilleux que le roi des dieux et des hommes avait précipité dans les fonds du Tartare! Quel avertissement pour les rois qui cherchent à faire croire qu'ils peuvent aussi lancer leurs foudres sur tout ce qui respire, et qui malheureusement ne se contentent pas, comme Salmonée, de réveiller leurs sujets en faisant rouler, la nuit, leurs chariots sur un pont d'airain?

On montra pendant des siècles, dans les environs

d'Albe, un lac couvrant les campagnes où se trouvait
jadis la capitale d'un prince qui, suivant Denys
d'Halicarnasse, s'avisa de fabriquer une foudre fac-
tice. Des eaux vengeresses, soulevées en un jour de
colère, avaient englouti cette ville déshonorée par
un aussi épouvantable sacrilège.

Un des plus sanglants reproches que Tacite adresse
à l'empereur Caligula, c'est d'avoir eu la même fantaisie. Plus ambitieux que Salmonée, le successeur
de Tibère ne se contenta point d'étourdir ses sujets
en faisant retentir à leur oreille un bruit inoffensif.
Raffiné jusque dans ses fantaisies despotiques, ridicules, le parfait tyran inventa une petite catapulte
qui répondait aux dieux en lançant une pierre vers
le ciel, toutes les fois que la foudre tombait sur la
terre.

De nos jours, le bruit du tonnerre n'est plus considéré comme de nature à blesser les susceptibili-
tés de Jehovah. M. Robin est resté en paix avec le
pape, quoiqu'il ait montré, pendant bien des années,
une foudre artificielle qui valait bien celle de Caligula.

M. Dennery et ses émules pourraient, s'ils le
voulaient bien, faire du tonnerre une espèce de
maître Jacques destiné à les tirer d'embarras dans
une foule de difficultés ; car l'électricité a plus d'une
note à son service, et le bruit du tonnerre remplit
d'autant mieux sa place qu'il éclipse souvent une tirade
absurde.

Les procédés employés sont simples et peu dispen-
dieux, bien que la science n'ait pas dit son dernier
mot.

Personne n'ignore, en effet, que le bruit du tonnerre est produit par un mécanicien agitant prosaïquement dans la coulisse une longue bande de tôle qui ne coûte pas cent sous. Ce ruban, saisi délicatement entre le pouce et l'index, donne naissance au roulement désiré, quand le nouveau Salmonée à quarante sous par soir fait tourner vivement sa main autour du poignet. La lueur de l'éclair peut s'imiter en faisant brûler un peu de poudre dans la coulisse, et la chute de la foudre peut se montrer à l'aide d'une grande bobine de Rhumkorff. La manœuvre de ces grands instruments n'est pas dangereuse, et sans risquer de perdre le plus maladroit de nos physiciens, nous pouvons aisément faire crever de jalousie tous les faux Jupiters de l'empire romain et des autres.

LA FOUDRE PEINTRE DE GENRE

Les récits imprimés dans les recueils antérieurs à la découverte de Daguerre font mention de phénomènes étranges qui ont bien pu suggérer l'invention inouïe, fantastique, invraisemblable de la photographie. Des témoins paraissant dignes de foi ont vu dessinée sur un mur tantôt l'ombre d'un individu, tantôt celle d'un arbre, que la foudre avait frappés.

Au mois de septembre 1825, le tonnerre se précipite sur le brigantin _il Buon Servo_, qui était à l'ancre dans la baie d'Alnuro, à l'entrée de l'Adriatique. Un matelot est assis sur son coffre, au pied du mât de misaine, occupé à repriser sa chemise. C'est

ce malheureux que le tonnerre va saisir, attiré peut-
être par son aiguille. Il faut si peu de chose pour
guider le tonnerre quand il roule incertain de la route
qu'il va suivre. Après avoir déshabillé le cadavre, on
remarqua sur le dos une légère ligne noirâtre partant
du cou et se terminant aux reins. Là se trouvait im-
primée, en traits semblables à une espèce de tatouage,
l'image du fer à cheval qui était cloué au mât du
navire et qui, d'après une habitude superstitieuse des
marins de l'Archipel, servait à écarter les mauvais
esprits.

Un autre marin, foudroyé dans des circonstances à
peu près analogues, portait sur la poitrine le nom de
son bâtiment marqué de la même manière.

Arago rapporte, dans son *Traité du Tonnerre*, une
histoire analogue. Un homme se trouvait assis près
d'un arbre sidéré. Quoiqu'il ait grand'peur, comme
il ne se sent pas atteint, il se rassure promptement;
mais le soir, en se mettant au lit, il reconnaît, à sa
grande terreur, qu'il a été marqué par une main invisible. Un pinceau mystérieux a dessiné sur sa peau
un arbre portant toutes ses branches!

Les *Comptes rendus* racontent qu'on trouva le dessin d'une feuille de peuplier sur le cadavre d'un ma-
gistrat et sur celui d'un garçon meunier qui furent frappés en même temps par un même coup de foudre
ayant éclaté, en 1841, sur un village du département
de l'Isère.

Dans son numéro du 29 août 1866, le *Cosmos*
contient le récit d'un coup de foudre qui éclata le
27 juin de la même année à Bergheim, pauvre hameau
des Vosges. Le météore frappa un tilleul sous lequel

deux voyageurs s'étaient réfugiés; il les atteignit si vigoureusement qu'ils tombèrent tous deux sans connaissance. En les déshabillant pour les ranimer, on remarqua avec surprise qu'ils portaient l'un et l'autre des marques étranges en divers endroits du corps. Les feuilles du végétal fulguré avaient été encore une fois dessinées avec une fidélité dont un habile artiste aurait été jaloux, dit un des témoins oculaires.

M. Phipson, membre de la Société chimique de Londres, raconte, dans une note de la traduction qu'il a donnée de nos *Éclairs et Tonnerres*, que deux enfants, des environs de Manchester, ont été étourdis par un coup tellement violent que l'arbre sous lequel ils s'étaient réfugiés portait une cicatrice en spirale; on trouva sur le corps de l'un des deux sidérés une image parfaite de l'arbre, des feuilles et des branches. Nous avons cité à la page 81 du présent ouvrage des phénomènes du même genre.

Un cas analogue, publié par le *Journal de la Savoie*, excita un intérêt universel dans les derniers jours de mai 1869, année excessivement féconde en phénomènes fulgurants de toute nature, et exceptionnellement chaude.

« Le 29 mai dernier, l'homme mortellement atteint, dit le docteur de Chambéry qui a fait l'autopsie cadavérique, était placé au milieu d'un groupe de huit soldats du 47ᵉ de ligne, ayant l'arme au bras, sans baïonnette. Frappé dans la région du cœur, il n'a succombé qu'au bout d'un quart d'heure, après avoir prononcé quelques mots incompréhensibles. Le cadavre présentait une plaque ovale de 14 à 18 centimètres de longueur, sur 4 à 5 de largeur, occupant

en grande partie la région précordiale et offrant l'aspect parcheminé d'un vésicatoire rapidement séché.
Les vêtements n'avaient été ni déchirés ni brûlés.

« Deux heures après la mort, l'examen du cadavre
a permis de constater un phénomène signalé déjà par
quelques observateurs, la production d'images photo-
électriques.

« Sur le membre supérieur droit existaient trois
bouquets de feuilles d'une coloration rouge violet
plus ou moins foncée, et reproduites dans leurs plus
petits détails avec la fidélité photographique la plus
parfaite. Le premier, situé à la partie moyenne de la
face antérieure de l'avant-bras, représentait une branche allongée couverte de feuilles, ressemblant à celle
du châtaignier. Le second paraissait formé de deux
ou trois rameaux réunis apparaissant vers le milieu
de la face externe du bras. Enfin le milieu se montrait au centre de l'épaule. Là, en pleine chair, il était
naturellement plus arrondi, plus épanoui, il ne laissait voir des feuilles et des ramuscules qu'à sa partie
supérieure, ainsi que vers ses bords. Le centre présentait une tache rouge qui allait en diminuant de
teinte à mesure qu'elle s'aprochait de la circonférence.
A l'autopsie le corps ne présentait aucune particularité
notable. »

M. Poey, de la Havane, dont nous avons déjà cité les
recherches à propos des *foudres* globulaires, a décrit
également nombre d'images fulgurales dans son traité
qui fut publié en 1861 chez Lecler ; nous y renvoyons
le lecteur désireux d'approfondir ces détails.

Le fait suivant s'explique très bien en vertu des
principes connus de la physique.

En 1796 un terrible carreau tombe sur l'église de Lagny; il atteint le maître-autel, attiré sans doute par les ornements d'or et d'argent que la piété des fidèles a accumulés. En explorant le lieu du désastre, le desservant découvre un phénomène étrange, qui, si l'on n'eût été au sortir de la révolution, eût fait croire au miracle. L'évangile du jour a été transporté sur la nappe du maître-autel. Il est écrit à l'encre rouge comme il est recommandé dans tous les rituels de magie noire !

Comment expliquer cette merveille qui figurerait dans les contes dont les spirites bercent leurs dupes. Les versets dont le prêtre devait donner lecture étaient imprimés avec une matière un peu conductrice, déposée sur un carton que' l'explosion avait fait tomber à plat sur la nappe. Poussée par la force du courant et non par une puissance infernale, l'encre avait quitté le papier pour passer sur le lin.

La foudre avait répété les expériences que l'on nous apprend à faire dans les cours de physique lorsque, à l'aide d'une feuille d'or, on décalque l'image de Franklin sur un ruban de soie blanche.

Si l'on compare la forme des éclairs, aux apparences que présentent les pôles d'une décharge lorsqu'on les observe au microscope, on arrive à se convaincre que la plupart du temps, le fluide descend du ciel vers la terre. En effet les éclairs offrent presque toujours des ramifications identiques à celles qui jaillissent du pôle positif.

Les éclairs en lame dont la forme est moins éloignée

de la décharge positive, se produiraient dans le cas inverse plus rare.

DROIT AU CŒUR

Souvent on trouve le corps des victimes de la foudre coloré de teintes très vives; ces tatouages offrent des variétés infinies de formes, de situations, de nuances. Certains auteurs ont observé des cicatrices colorées en bleu; d'autres en ont vu de teintes en noir; un autre jour on en a trouvé qui étaient d'un beau rouge vermillon. Ces signes étranges sont produits par une multitude de brûlures, de déchirures, de froissements combinés de mille manières; aussi n'est-ce pas seulement sur des cadavres que l'on trouve ces bariolures. On a vu des hommes échapper à la foudre qui les a frappés, dit quelque part un poète grec, mais ils restent alors marqués du sceau de sa puissance mystérieuse.

L'étincelle atmosphérique agit quelquefois sur le sang et le décompose jusque dans les plus petits filets du double réseau circulatoire; alors les parties frappées semblent injectées par un habile anatomiste. Le père Beccaria fut le premier à constater ces étranges infiltrations, dignes de figurer dans nos musées d'anatomie. Quand la foudre est dans un jour de bonne humeur, elle touche ses victimes avec assez de délicatesse pour rendre nos meilleurs préparateurs jaloux des pièces qui sortent de sa main invisible. Plus de mutilations hideuses, mais des transformations bizarres, presque risibles.

Le 14 juin 1794, la foudre indiscrète pénètre, visiteuse inattendue, dans une cabane où une famille de paysans se trouvait réunie. Les trois enfants sont jetés à terre avec violence; jugez de l'effroi du père

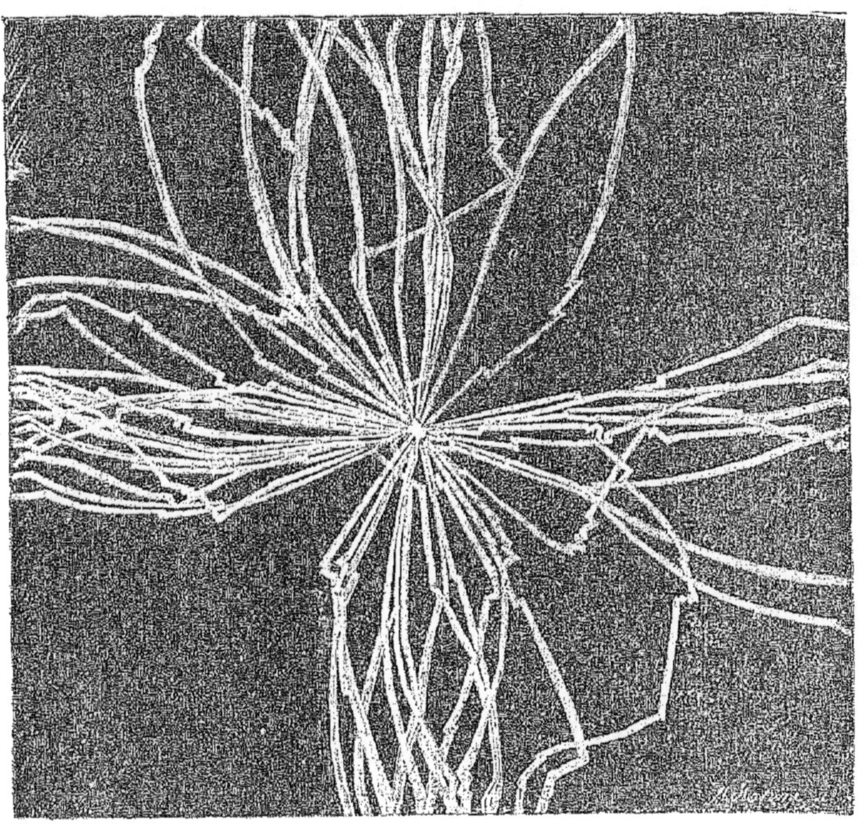

Fig. 33. Étincelle électrique (vue au microscope).

Pôle positif. — C'est de ce pôle que sortent principalement les substances matérielles qui sont arrachées et transportées au pôle négatif. Il en résulte que le courant est considéré comme allant du pôle positif vers le négatif.

et de la mère. En relevant les pauvres petits êtres, ils s'aperçoivent que les trois malheureux qui étaient tombés à terre avec les joues blanches et roses se relèvent affreusement marqués de petite vérole.

Quelquefois, des taches lenticulaires se trouvent
jusque sur les parties couvertes par les vêtements; on
dirait que de petits grains, poussés par une force invincible, ont traversé la toile, la soie, le drap. Cepen-

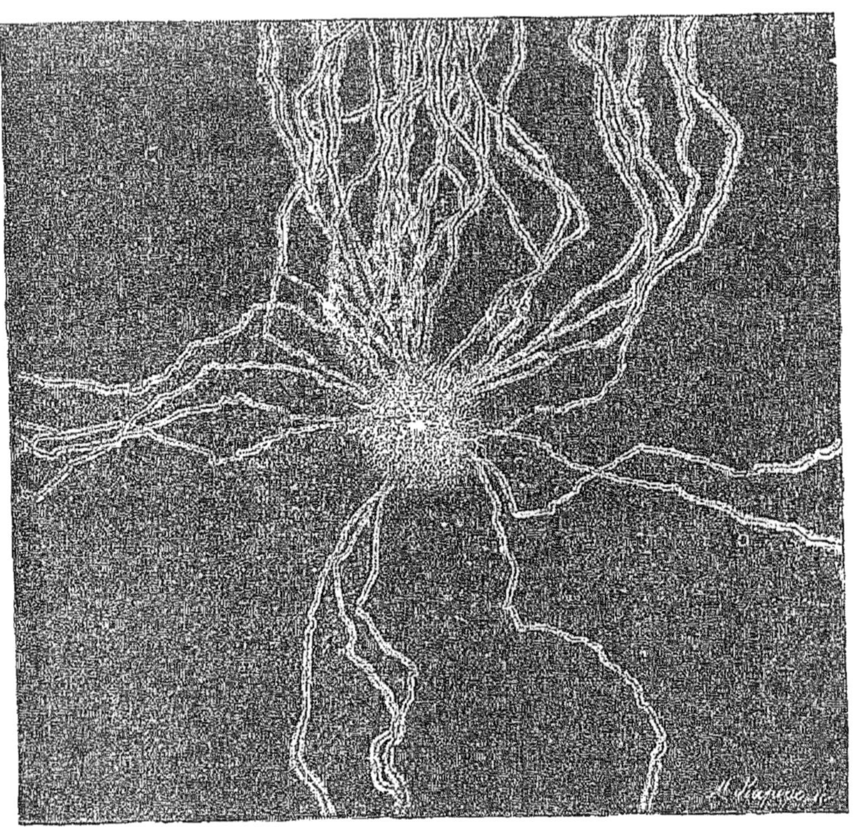

Fig. 54. Étincelle électrique (vue au microscope).
Pôle négatif. — Les objets frappés par la foudre sont généralement placés
au pôle négatif, c'est ce qui fait qu'on trouve si fréquemment sur les objets,
les hommes ou les animaux des poussières ramassées par le météore.

dant il n'y a pas de trous dans les habits pour répondre
à ces étonnantes lésions. D'autres fois, ces blessures
prodigieuses sont assez profondes pour être comparées
à celles que produiraient des grains de plomb. On en

compte quelquefois jusqu'à deux cents sur le même cadavre. Il arrive d'autres fois que ces cicatrices sont si petites que la peau est toute persillée, comme si la victime avait reçu de la cendrée extraordinairement fine. Un accident analogue, expliquant bien la nature de ces lésions, arriva à un homme qui, non content de se réfugier sous un arbre pendant un violent orage, s'était accoudé contre une loupe que portait le tronc. Le coude imprudent avait été bombardé par une nuée d'éclats microscopiques.

Le professeur Gerdy a eu occasion d'examiner, à la morgue, le cadavre d'un homme que la foudre avait frappé à la tête; on eût juré qu'il avait été tué avec un fusil de chasse chargé de gros plomb.

En déshabillant une des victimes du coup de foudre d'Éverdon, dont nous parlerons tout à l'heure, on trouva que ce malheureux portait sur son corps un trou de la grosseur d'une plume d'oie. Cette espèce de fistule correspondait jusqu'au creux de l'estomac; les parois, dures, sèches et noircies, avaient été évidemment modifiées par l'action du feu.

Voilà un tube qui ressemble aux fulgurites, ces longs tuyaux vitrifiés que nous avons suivis dans le sable; mais avec cette différence effrayante qu'il a été creusé dans l'épaisseur même des organes d'un être vivant.

Quelquefois ces cicatrices bizarres ressemblent à de véritables flagellations, pareilles à celles qui excitent l'admiration des lunatiques. Howard décrit la blessure d'un enfant qui avait la poitrine déchirée, tracée avec une règle; la voisine est, au contraire, tourmentée, sinueuse; deux, trois traits de même nature semblent former un réseau parallèle sur le cadavre. Une autre victime de la foudre porte une multitude de lignes qui se fondent, se croisent et s'entrecroisent de toutes les manières possibles. De ces étranges sillons, tracés par la même force que les flagellations, s'échappent de chaque côté des stries innombrables. Ces hachures fines et serrées forment des étoiles, des pinceaux, des bouquets esquissés, achevés avec une délicatesse admirable. Les dessinateurs sur étoffes pourraient aller y chercher des modèles pour les cachemires de nos élégantes. Serno cite l'exemple d'un jeune homme dont les pieds, meurtris d'une façon singulière, semblaient avoir été frappés de verges. On eût juré qu'une jeune fille, dont parle Oswald, avait reçu sur le dos de violents coups de discipline. Ces stigmatisés merveilleux pouvaient être rangés à côté de sainte Catherine de Sienne.

Ces déchirures offrent quelquefois un aspect dur, violent, saccadé. Orlando Bridgmann rapporte quelque part qu'un homme flagellé par l'étincelle électrique semblait avoir été fustigé avec des verges de fer.

Que de millions de dupes n'auraient pas pu faire d'habiles charlatans en exploitant des blessures aussi merveilleuses! Il n'aurait pas fallu grands efforts d'imagination au docteur Brillouet pour mettre à ses pieds des multitudes ignorantes en leur faisant croire qu'il avait été l'objet d'un miracle. Les traces de la fustigation électrique qu'il avait reçue semblaient avoir un rapport mystérieux, secret, avec la matière fulgurante; chaque fois qu'il éclairait, elles se coloraient en rouge de sang.

Une des plus étonnantes expériences de cette matière fulgurante, c'est la production, à la surface des cadavres, de dessins étranges qui sembleraient hors de la portée des forces physiques ordinaires, si nous ne connaissions les figures de Leuchtenberg. Mais notre esprit frondeur est disposé d'une façon si bizarre, que nous ne pouvons nous étonner que la foudre trace sur la peau de ses victimes des figures analogues à celles que l'étincelle de la machine de M. Planté dessine à l'aide de poussières sulfureuses qu'elle transporte d'un pôle à l'autre.

Dans ce cas encore nous voyons les effets d'un transport mécanique à distance. Les corpuscules de l'air, portés à une température rouge et lancés sur le tissu vivant, viennent s'y amalgamer et y produire un véritable tatouage. Si l'on voit ce tatouage affecter les formes arborescentes, c'est parce que les poussières viennent se porter aux points ou se rendent les ramifications du tissu capillaire, qui, gorgées de sang, sont plus conductrices que le tissu adipeux constituant la masse de la chair.

Cette tendance à se porter sur les vaisseaux sanguins est si prononcée qu'un animal qu'on renferme dans une cage à plancher métallique et à barreaux dont la partie inférieure soit en bois est foudroyé par une lame de feu qui l'atteint droit au cœur.

C'est ce qui arriverait si l'on infligeait le supplice par l'électricité, comme le directeur de la *Bibliothèque des Merveilles* l'a demandé au Sénat, dont il est membre. Le condamné serait également frappé droit au cœur si on le laisssait libre et sans fers, au mileu d'une cellule destinée à son supplice.

LA FOUDRE ET LA VUE

Nous avons raconté dans nos précédentes éditions l'histoire d'un douanier anglais qui était placé en vigie sur un rocher des îles Shetland, afin de surprendre les contrebandiers, fort hardis dans ces parages. Le malheureux fut frappé de cécité, et il n'aurait pu retrouver sa route si des pêcheurs ne l'avaient arraché à une mort certaine et ramené dans sa caserne.

Au premier abord, cet événement déplorable n'a rien qui soit de nature à attirer d'une façon toute spéciale l'attention des physiciens. Cette cécité ne doit-elle point être attribuée purement et simplement à la quantité de chaleur que développe toujours le passage de l'étincelle électrique? Les yeux de ce malheureux ont été torréfiés comme s'il s'était trouvé au milieu d'un incendie.

Mais l'aveuglement produit par la foudre n'est point en général irrémédiable, définitif, comme celui qui résulterait de l'application d'un fer rouge. En effet, l'insensibilité de la rétine mise hors de service par le passage d'un courant peut provenir non pas d'une désorganisation réelle de la prunelle, mais d'une action essentiellement temporaire de sa nature, d'une paralysie fugitive. Nous ne désespérons donc point d'apprendre que le temps aura effacé les traces de la perturbation nerveuse qu'a éprouvée la victime de l'accident que nous avons cherché à peindre.

Mme Monniot, pensionnée du 2 décembre, fut frappée d'un aveuglement qui dura six semaines, à la suite d'un coup de foudre dont elle fut frappée dans son enfance. L'œil droit, qui fut plus directement intéressé, a guéri comme l'autre, mais chaque fois qu'il éclaire, il se ferme convulsivement, et de temps en temps cette dame voit des phosphènes de toutes couleurs pendant les orages ou pendant les accès de fièvre qu'elle peut éprouver.

Nous n'imiterons point les anciens, qui attribuaient au tonnerre les fonctions les plus diverses dans l'Olympe. Nous ne dirons point, comme Plutarque, que c'est lui qui fait pousser les truffes ni même les champignons (ce qui pourtant est moins sûr); mais nous ne craindrons point de faire remarquer que tout tourbillon de matière fulgurante est un centre d'effluves rayonnants. Il nous semble qu'en agissant de proche en proche par voie d'induction, l'électricité peut étendre sa sphère d'action, du moins dans certains cas, beaucoup plus loin qu'on ne le suppose. Qui sait si ce n'est point même l'électricité qui fait que les diamants étincelants de la voûte céleste brillent d'un si vif éclat? Qui sait si les lois de la propagation des ondes électriques ne renferment point la solution d'une multitude de problèmes?

L'on peut considérer ces courants mystérieux comme le siége de forces qui pénètrent tous les corps, y compris le nôtre, qui agissent sur la propre substance de nos sensations, s'il est permis de nous exprimer de la sorte. Notre raison et notre intelligence ne sont point à l'abri de leurs entreprises. Est-ce prudent de l'avouer? Notre liberté morale semble

Fig. 55. Douanier anglais frappé d'aveuglement temporaire
sur un rocher des îles Shetland.

quelquefois entamée par le voisinage d'invisibles éclairs.

Les ophtalmies dont les employés des lignes télégraphiques sont atteints sont tellement fréquentes que les *Annales d'hygiène* ont publié des instructions rédigées à leur intention. Les courants qui traversent incessamment les fils n'ont pas la force de se manifester isolément. Mais, en se succédant, ils produisent un affaiblissement des facultés visuelles analogue à celui dont se plaignent les matelots placés sur les vergues des navires. Encore plus exposées sans doute que nos stationnaires, les vigies offrent un point de mire au tonnerre. Les malheureux sont souvent foudroyés en détail, car leur corps est sillonné par une multitude de courants, et pour ne point donner naissance à des traces lumineuses, ces courants n'en sont pas moins très redoutables. Ils peuvent produire sur leur organisme des effets puissants et destructeurs dont la cause n'est même pas soupçonnée.

CHOCS EN RETOUR

On fait dans presque tous les cours de physique des expériences auxquelles on donne le nom de choc en retour, et qui prouvent que les effets d'un coup de foudre peuvent s'étendre fort loin de la trajectoire suivie par l'étincelle.

Nous allons citer un exemple classique qui fut observé, le 19 juillet 1785, en Écosse, à Coldstream, sur les bords de la Tweed, par le célèbre voyageur Brydone.

La terre était excessivement sèche et, par conséquent les effets du fluide pouvaient aisément rayonner à des distances notables. Brydone était à la fenêtre du second étage de la maison qu'il habitait lorsqu'il entendit le fracas d'un épouvantable coup de foudre. Comme il était à peine une heure, notre auteur ne vit aucune flamme ni sortir de terre ni descendre du firmament. Mais bientôt on vint lui annoncer qu'un charretier et deux chevaux qui apportaient du charbon à la ferme voisine avaient été foudroyés. Une partie de la cargaison avait été dispersée par la décharge, des fulgurites aboutissaient au fer des roues, et les cadavres tant de l'homme que des chevaux, portaient des spirales que la foudre avait laissées sur leur peau en les frappant.

Cette décharge violente s'était en outre épanouie sur un cercle de trois à quatre cents mètres de rayon où les phénomènes les plus variés furent constatés.

Au même moment un berger de la ferme qui, à une distance de 400 à 500 pas, regardait le chariot tomba évanoui. Un berger qui surveillait les moutons à peu près à la même distance du chariot fatal éprouva la même sensation que si du feu avait passé dans le voisinage de sa figure, et s'aperçut qu'un de ses moutons venait d'être foudroyé.

Deux hommes qui cherchaient à attraper des saumons avec une ligne, au milieu de la Tweed, se sentirent enveloppés dans un tourbillon brûlant, et c'est avec la plus grande difficulté qu'ils regagnèrent le rivage. Une femme qui coupait du foin près de la rivière reçut un coup violent sur le pied sans pouvoir s'expliquer d'où il provenait. Enfin un pasteur qui se

Fig. 56.   Paysan foudroyé par un choc en retour, en 1785,
près de Coldstream (Écosse).

promenait dans son jardin sentit que la terre tremblait sous ses pieds.

L'étude des effets lointains de la foudre sur nos fils téléphoniques et télégraphiques donnerait lieu à des efforts aussi nouveaux qu'inattendus. Lorsque le soleil traverse chaque jour l'Atlantique, il paraît qu'il fait parler les appareils télégraphiques qui portent un miroir. Le grand câble murmure d'incompréhensibles messages, dont l'interprétation serait certainement digne d'occuper les académiciens de Laputa! Quelles mines de recherches ne sont point à la disposition des modernes astrologues, plus communs qu'on ne le croit en ce siècle raisonneur, car l'*Almanach de Zadkiel*, dont l'auteur est mort à Londres, il y a une dizaine d'années, est arrivé à un tirage de deux cent mille exemplaires. Après quarante ans d'une existence paisible, cette publication a fourni au capitaine Morrison une aisance que Jérôme Cardan n'a jamais connue.

Oserions-nous prétendre que nous sommes nous-mêmes insensibles au passage des foudres qui courent les airs, et que souvent l'électricité naturelle n'y entre point de compte à demi dans nos plus secrètes pensées?

Que de folles perturbations n'éprouvons-nous pas, nous autres pauvres petites boussoles tremblotantes, quand le ciel et la terre échangent à nos yeux de longs baisers de feu!

Notre esprit oscille si souvent entre le crime et la vertu que nous donnerions certainement beaucoup pour expliquer nos défaillances en invoquant notre dépendance d'une force invisible. Pourquoi la foudre, qui désaimante les compas, ne ferait-elle pas perdre de vue à notre conscience la raison, qui est son étoile polaire? C'est une idée folle, mais dont on ne peut se défendre quand on a feuilleté Athanase Kircher.

LES FOUDRES APPRIVOISÉES PAR LES PARATONNERRES

La commune de Chisey, dans le département de l'Indre, est traversée par une route impériale bordée par deux rangées de noyers, entre lesquelles passe une ligne télégraphique.

La foudre, qui, comme les poètes, semble affectionner les lieux ombreux et frais, tombe sur un de ces arbres, placé près d'une mare, à peu de distance d'une maison dont le toit, recouvert de feuilles de zinc, a déterminé l'explosion.

M. Cottin, aujourd'hui secrétaire de l'*Association scientifique de France* était, il y a quelques années, chef de gare dans les environs de Paris, lorsqu'un coup de foudre vient à tomber sur la station télégraphique. Il avait mis soigneusement le paratonnerre en communication avec le sol, et il se croyait à l'abri de toutes les entreprises de la foudre, mais dans les bâtiments où le fer est présent partout, sous une multitude de formes et sans précautions suffisantes, personne ne peut se considérer comme exempt des caprices du fluide, à moins de précautions qui ne sont pas toujours observées et que nous indiquerons plus loin.

Même lorsqu'elle coule captive, enchaînée dans l'intérieur des tiges de fer, la foudre n'est point toujours privée de tous ses effets extérieurs. Ainsi les trois paratonnerres dont la prison de Charleston était armée ne suffisent pas pour absorber toute la foudre qui descend du ciel dans la journée du 31 juillet. Trois cents détenus reçoivent à la fois une violente secousse, sorte d'anéantissement passager qui les plonge dans la stupeur. Une aussi formidable explosion, qui eût semblé devoir les anéantir, ne laissa aucune suite fâcheuse; cependant le courant avait une énergie considérable : un des gardiens de l'atelier des mécaniciens, qui tenait une lame de scie entre ses mains, la vit passer subitement au rouge.

Des ouvriers qui travaillaient dans la boutique d'un ferblantier de Strasbourg, voisin de la cathédrale, échappèrent d'une manière qui n'était pas moins surprenante. Ils voient jaillir du sol de leur atelier de grandes flammes, au moment où la tour était frappée d'une décharge épouvantable, mais ils ne sentent aucun effet dynamique.

Les soldats terrassés par le torrent de nature fulgurante qui tomba, il y a quelques années, sur la caserne du Prince-Eugène, à Paris, n'eurent pas moins à se féliciter de la clémence du météore.

Mais dans ces trois cas, comme dans les circonstances analogues que nous pourrions citer, les foudres captives et apprivoisées qui traversaient les tiges étaient sollicitées à s'élancer au dehors par l'affinité que les métaux eurent toujours sur la matière fulgurante.

Après l'explosion des paratonnerres de Charleston on constata qu'il y avait dans la prison plus de

100 000 kilogrammes de fer semés sur une surface de plus de 2 hectares, sous forme d'outils, de barres, de grilles, et de chaînes.

Les ferblantiers de Strasbourg qui virent le feu du ciel, ce visiteur inattendu, folâtrer innocemment autour d'eux, maniaient en ce moment de grandes feuilles de tôle. La chronique ajoute de plus que, dans l'arrière-boutique, se trouvait un véritable magasin de ferrailles.

Les soldats de la caserne du Prince-Eugène n'auraient point été secoués avec tant de force s'ils n'avaient tenu en main un fusil; ils ne furent renversés que parce que la foudre tomba juste au moment où ils allaient sortir de leur caserne pour relever les sentinelles[1].

Ne dirait-on pas que la foudre captive ressemble à un lion muselé dont on aurait rogné les ongles; mais si l'on a peur que ce lion ne donne encore, dans sa prison, quelques coups de sa queue ou de sa patte, ne doit-on pas s'abstenir de le provoquer? N'est-il pas sage de rattacher au système protecteur toutes les pièces de métal qu'il pourrait convoiter[2]?

---

1. Il y a deux ans un nouveau coup de foudre a frappé la caserne du Prince-Eugène, malgré le paratonnerre dont cet édifice a été pourvu. Cette fréquence ne s'explique que trop par l'insuffisance du perd-fluide; la commission ayant interdit de sonder les conducteurs sur les conduites d'eau et de gaz.

2. Nous trouvons dans un des derniers bulletins de la Société de Géographie une communication de M. Virlet d'Aoust qui montre combien sont parfois curieuses les actions du fluide, quand ce fluide obéit à l'attraction des métaux. Ce savant rapporte l'histoire d'un coup de foudre qui est entré avec fracas dans un corps de garde et n'a produit d'autre dégât que d'enlever les boutons de derrière de la capote de deux gendarmes adossés contre le mur; on sait que ces boutons sont en cuivre.

LA FOUDRE A MONTMARTRE

L'orage du 4 avril 1866 a éclaté au moment où nous préparions la première édition de cet ouvrage. Il a été remarquable à la fois par le nombre de coups, de foudre qui ont éclaté sur Paris et par l'absence d'accidents réels. Pour montrer combien le feu du ciel était bénin, nous avons fait dessiner le passage du tonnerre, en nous conformant aux indications d'une jeune ouvrière qui l'a vu descendre l'escalier d'une maison de Montmartre. Elle n'avait rien éprouvé qu'un effroi formidable, car elle tremblait encore en cherchant à nous dépeindre le sentiment qu'elle avait éprouvé en présence d'un aussi étrange visiteur.

Comme les nuages s'étaient excessivement rapprochés du sol, une multitude de maisons ont subi leur influence. Les paratonnerres ont fonctionné à toute vapeur au milieu d'une multitude d'éclairs très faciles à apercevoir, parce que le soleil était déjà descendu au-dessous de l'horizon. Les gouttières et les tuyaux de décharge des eaux ont dû livrer passage à d'immenses quantités de matières fulgurantes, qui devaient glisser inaperçues jusqu'à terre si l'on avait conduit toutes ces parties jusqu'à un ruisseau. A cette époque, personne ne s'était encore aperçu que la foudre pouvait imiter les physiciens, et avait comme eux son pistolet de Volta. Mais ces gerbes de flammes jaillissant au milieu de la nuit devaient frapper d'une façon toute particulière une population oublieuse autant qu'impressionnable. Partout on s'imagina que l'on avait aperçu un phénomène inouï, incroyable, sans précédents!

Les moins effrayés s'empressèrent d'écraser les tuyaux, sous prétexte d'empêcher la flamme de rentrer; à Plaisance on s'avisa d'éteindre tout le gaz du quartier.

A cette époque la presse s'occupait très peu des phénomènes naturels, et l'Académie peut-être parce qu'elle n'a point de correspondant à Paris, recevait très rarement avis de ce qui s'y passe. Cependant l'orage du 4 avril eut les honneurs d'une exception très rare.

On s'en occupa longuement en séance publique, et l'on décida qu'il y avait lieu de faire un rapport, qui n'a point encore été publié à cette heure.

Ces phénomènes si peu attendus sont commentés et expliqués dans les lettres de Franklin à Dalibard? Car l'inventeur des paratonnerres a pris lui-même la précaution de faire remarquer que les tuyaux de décharge des eaux pluviales attirent les décharges électriques! S'il n'a pas mentionné la canalisation spéciale à l'hydrogène carboné, c'est par une raison que l'on trouvera sans doute suffisante. Le malheureux Lebon ne l'avait point encore inventée.

Cet oubli me scandalisa. Je résumai la lettre de Dalibard, que je revêtis de sa signature, et je l'adressai à l'Académie. On la mit dans les *Comptes rendus*, où chacun peut la lire sous ce nom, comme si Dalibard était un futur candidat dans la section de physique.

Fig. 37. Orage du 4 avril 1865.
La foudre descendant l'escalier d'une maison à Montmartre.

LES LEÇONS D'UN ORAGE

Quelques mois plus tard, 16 juillet 1866, un des orages les plus violents s'abat sur Paris, vers une heure de l'après-midi. Les nuages, qui arrivent du sud avec une grande vitesse, s'accumulent avec une épaisseur et d'une façon effrayante. En quelques minutes, la ville se trouve enveloppée d'épaisses ténèbres.

La pluie tombe avec une abondance dont il est difficile de donner l'idée, et avec une rapidité telle que, malgré la dimension de nos boulevards souterrains, les rues se changent en torrents. Les égouts sont envahis avec tant de violence que plusieurs ouvriers qui les réparent n'ont pas le temps de regagner leurs échelles; ils périssent noyés par les eaux furibondes.

L'air se remplit de fauves lueurs et de bruits sourds qui montrent combien la tension des éléments électriques est prodigieuse.

On eût dit que de véritables flammes jaillissaient de terre à l'endroit où la pluie frappait le pavé. Le feu s'élançait comme s'il avait été produit par le choc de l'eau contre la pierre.

En même temps des éclairs courbes en forme de V se précipitaient pointe en avant dans les airs.

Le quartier Latin est assailli d'une façon singulière, comme si l'orage eût été plus particulièrement dirigé contre la montagne Sainte-Geneviève, que la foudre frappe en quatre points différents. L'hôpital du Val-de-Grâce est atteint vers deux heures; un peu après, c'est le tour de l'École de droit; quelques instants après, du n° 4 de la rue des Ursulines; enfin, vers trois heures et demie, l'École des mines.

Le coup qui frappe l'École des mines paraît avoir été le plus terrible, à cause de la violence des décharges latérales constatées par tous les observateurs. M. Colon a trouvé, dans le Luxembourg un oranger dont la caisse a été brisée en huit endroits différents au moment où l'École était foudroyée. Quoique la matière fulgurante ne s'y soit pas directement portée, cet arbre était tout couvert de boue et d'immondices qui cette fois semblaient venir de terre. A ce même moment, le sous-bibliothécaire de l'École voyait le jardin tout en feu. En même temps le bibliothécaire, qui regardait dans l'intérieur de la salle, ébloui par une lueur brillant sur le parquet, était obligé de fermer les yeux. La tête d'un sureau qui se trouvait dans le jardin de l'École était enlevée et lancée à distance. Nous avons constaté une cassure très nette et effilée comme avec un couteau dans les endroits où les fibres n'avaient point été rompues. Dans les autres places, elle avait la forme que les minéralogistes ont nommée conchoïde.

Aucun de ces effets bizarres qui n'ait une cause assignable, dont la découverte pourrait mettre sur la voie de propriétés utiles, non seulement au point de vue de l'électricité, mais à celui de la botanique.

Le coup de foudre de la rue des Ursulines nous fournira un exemple de l'intérêt qui s'attache à l'analyse de ces détails. La portière a vu une flamme mal définie serpenter sous la porte cochère. On eût dit qu'une masse de matière fulgurante entrait précipitamment dans l'intérieur de la terre. Quand l'effroi fut dissipé, on s'aperçut qu'une gerbe de gaz avait été allumée à l'endroit où se trouvait un compteur de la compagnie parisienne.

Quelle était la cause de cet accident étrange? Était-ce une propriété nouvelle du fluide? En aucune façon. Le plomb, fondu par l'excès de masse du fluide qui le traversait, s'était ramolli et avait laissé passage au gaz; ce dernier avait pris feu à cause de l'excessive température à laquelle il se trouvait porté en arrivant dans l'atmosphère.

Je ne sais si je me trompe, mais je crois que c'est une circonstance analogue qui a dû donner au grand Faraday l'idée d'organiser, à l'aide de la bobine d'induction l'allumage du théâtre de *Royal Institution.* Ce procédé imité de la nature s'est répandu à Versailles, où l'Assemblée nationale en fait usage. Nous avons eu occasion de décrire et de faire dessiner par M. Miranda, dans l'*Illustration*, les appareils tels qu'ils se trouvaient derrière la tribune, dans l'armoire de gauche.

Le public est si ignorant, hélas! que plusieurs journalistes à prétentions scientifiques ont pu crier au miracle, comme si l'on avait réalisé pour la première fois une grande merveille. Mais nous n'avions pas le droit de nous féliciter d'avoir fait une grande innovation. Il y a dix ans que le Capitole de Washington était allumé de la sorte. On s'occupait alors d'organiser ainsi l'allumage instantané de la ville fédérale.

Il suffira aux sages héritiers de Franklin de faire un contact pour que dix mille foyers de lumières étincellent dans les rues du Versailles de la démocratie américaine. Nous sommes loin des briquets épiques avec lesquels le roi-soleil faisait péniblement allumer ses lanternes fumeuses.

Le coup de foudre de la rue des Ursulines est précieux à un autre point de vue. En effet, il m'a fait comprendre qu'il fallait mettre les compteurs de gaz, dans les courants des paratonnerres, et M. Grenet qui adopta complètement cette méthode, n'a pas eu un seul accident à déplorer dans les nombreuses poses qu'il a exécutées depuis quinze ans.

Le papetier de l'École de droit a vu le ciel tout en feu au moment où la foudre frappait ce monument, c'est la seule sensation qu'il ait éprouvée. Mais la portière et généralement tous les passants qui se trouvaient dans le voisinage de l'endroit où la conduite des eaux pluviales débouche sur le trottoir, ont éprouvé une commotion des plus violentes.

La foudre qui était tombée sur le paratonnerre était entrée dans la chaîne, mais une partie avait passé dans le conduit de fonte qui descend du toit et qui, malheureusement, n'arrive pas jusqu'à terre. Il en résulte qu'une étincelle avait jailli le long du trottoir. Rien ne fût arrivé si le tube de fonte eût été en communication avec la tige du paratonnerre, qui doit être rattachée par des communications convenables avec toutes les masses métalliques un peu grandes.

Dans ce jour de grande orgie, l'électricité était partout.

Des flammes courant au ras de terre et semblables

Fig. 58. Orage du 16 juillet 1866. — Coup de foudre de la rue des
Ursulines allumant un bec de gaz.

à celle de l'abbé dont nous avons déjà décrit la frayeur, ont été aperçues par un nombre très grand d'observateurs.

Une cordonnière de la rue des Cendriers a vu une lueur sortir du carreau de sa boutique, pendant qu'elle entendait le bruit de l'explosion tombant sur la maison d'en face et démolissant une cheminée. Un individu qui s'était réfugié sous une porte cochère raconte, dans l'*Opinion nationale* du 20 juillet. qu'il a éprouvé une surprise indéfinissable en s'apercevant que la rue était pleine de feu. Lé spectateur n'était pas l'objet d'une simple hallucination, car la semelle d'un de ses souliers, qui était armée de clous, a été enlevée par une force invisible. Elle a été coupé net comme avec un instrument tranchant. C'est un accident analogue à celui d'un bon gendarme, intéressante victime d'un orage. Ses bottes furent mises en pièces par une foudre sacrilège.

Le tonnerre qui est tombé sur la buanderie du Val-de-Grâce s'est éparpillé en tant de courants dérivés qu'il a été assez difficile de décrire la route qu'il a suivie. Une des branches de ce feu céleste a pratiqué un trou dans un carreau, effet singulier qui se reproduit assez fréquemment pour mériter une étude spéciale.

Quelques femmes qui se trouvaient de ce côté prétendent, ce qui est tout à fait d'accord avec ce qui a été observé depuis à Amiens, avoir vu passer une boule de feu plus ou moins analogue à celles dont nous avons parlé au commencement de cet ouvrage. Le courant principal, attiré par la conductibilité du liquide, a suivi un tuyau de plomb jusqu'au-dessus du lavoir, qui contient un grand nombre de mètres cubes d'eau. Est-il nécessaire d'ajouter qu'en quittant le conduit il a allumé un grand jet de gaz pareil à celui de la rue des Ursulines. Mais il n'a pas disparu dans le réservoir sans laisser derrière lui des traces de son passage. Les trente femmes qui blanchissent le linge des malades sont restées pendant quelques instants livrées à une inexprimable terreur. Les plus courageuses étaient à moitié évanouies; on ne peut pas dire que les sœurs qui les surveillaient aient tout à fait perdu la tête, car, fidèles à leurs habitudes de dévotion, elles s'étaient prosternées jusqu'à terre en invoquant à haute voix le secours de la sainte Vierge et de leurs patronnes. Toutes les personnes qui habitent ce vaste hôpital ont été fortement impressionnées. Pendant quelque temps, elles se croyaient toutes électrisées, ce qui n'était peut-être point une illusion.

Le 7 août 1875, lorsque nous rédigions le *Bulletin météorologique* du *Temps*, on est venu nous raconter que la foudre, appelée encore une fois sur le Val-de-Grâce par quelque vice de construction du paratonnerre, venait de le visiter de nouveau. Elle était tombée encore sur la buanderie, mais comme il était sept heures du soir, et que les blanchisseuses venaient de quitter le travail, aucune des scènes de l'année 1866 ne s'était reproduite.

Au moment où l'orage du 16 juillet 1866 grondait dans toute sa fureur, nous nous sommes fait conduire au pied de la colonne de Juillet, pensant bien que nous assisterions à quelque phénomène instructif. Nous ne nous étions pas trompé; en effet, nous n'avons point tardé à apercevoir des éclairs illuminant le génie de la Liberté qui surmonte ce beau monument. Ces éclairs ne pouvaient être considérés comme étant de simples reflets de lueurs éloignées. Ils passaient tous régulièrement par le point où le génie appuie le pied sur la boule. En cet endroit leur clarté était réellement éblouissante. Nous avons remarqué un trait de lumière partant de l'extrémité de la jambe que le génie tient en l'air; un autre, d'un effet surprenant, descendait de la main qu'il a levée vers le ciel et passait également par le point où son pied foule la boule du monde encore esclave, qu'il devrait se hâter d'affranchir.

Pendant que nous faisions ces observations, des personnes qui nous sont inconnues, mais qui ont publié dans la *Patrie* leurs observations, apercevaient une gerbe d'étincelles bleues jaillissant de la flèche de Notre-Dame.

Est-ce que ce contraste de couleurs n'indiquerait pas que les points de ces deux monuments servaient de pôles à un vrai tourbillon circulaire complété par l'atmosphère? Est-ce que, dans la remarquable journée du 16 juillet, les habitants de Paris n'ont point assisté à des décharges complémentaires? Est-ce que la flèche de la cathédrale ne répondait pas à la pointe de la statue du monument révolutionnaire comme le pôle austral répond au pôle boréal de la terre?

Sans qu'ils pussent le deviner, les Parisiens auraient vécu pendant quelques instants au milieu des plis d'un rideau d'électricité dynamique, berceau radieux, éblouissant, ombrageant une portion notable de la vieille Lutèce.

En effet, la colonne de Juillet est construite au-dessus d'un canal communiquant avec la Seine, et le fleuve

va baigner les pieds de Notre-Dame, de sorte que le
circuit aérien invisible, si ce n'est à ses deux pôles, a

Fig. 59. Coup de foudre observé par l'auteur sur la colonne de la Liberté
le 16 juillet 1866.

dû être complété par des masses d'eau non interrom-
pues reliant les deux pointes orgueilleuses.

Un accident arrivé à Londres, vers la fin du mois où
cet orage singulièrement fécond a éclaté sur Paris,

paraît un argument en faveur de notre thèse. Un policeman poursuivait des gamins qui se baignaient sans

Fig. 40. Coup de foudre observé sur la flèche de Notre-Dame le 16 juillet 1866, en même temps que celui de la place de la Bastille représenté ci-contre.

autorisation dans le Surrey-Canal. Tout d'un coup on le voit trébucher et tomber à l'eau. On ne relève plus qu'un cadavre. C'était sans doute une foudre qui éclatait dans le voisinage ; elle avait tué le malheureux sans laisser la moindre trace sur son cadavre.

Le coroner, ignorant la puissance des effets à distance de l'électricité, mit sur le compte de l'apoplexie, qui a un bon dos en temps d'orage, la cause de cette mort foudroyante !

Nous avons pensé le contraire et écrit à cet officier pour lui faire part de nos doutes et lui demander des détails, mais il n'a point daigné nous répondre, nous prenant sans doute pour quelque fou. C'est une supposition charitable à laquelle s'exposent tous les gens qui, à tort ou à raison, se préoccupent des faits et gestes de la foudre. De toutes les précautions que l'amour de la conservation a inspirées aux Césars, celles-ci sont peut-être les plus sages, quoique leur efficacité ne puisse être considérée comme absolue.

En effet, depuis que les fils télégraphiques et les fils téléphoniques ont été renfermés dans les égouts des rues de Paris les troubles des transmissions ont beaucoup diminué. La majeure partie des orages n'entame pas l'écorce du globe, et l'émotion des fluides ne descend pas jusqu'à eux ; cependant, lorsqu'il s'est agi de voter les crédits pour le réseau souterrain, les intransigeants de la Chambre des députés ont poussé des cris. Les ignorants avaient déjà oublié l'histoire de la guerre de 1870. Une des causes de la rapidité de la défaite fut la lenteur avec laquelle s'opéra la concentration des troupes, mais une des causes de cette lenteur fut l'interruption du service produit par des orages aussi intempestifs que violents. Quelle belle occasion pour M. de Bismarck, qui avait déjà un réseau souterrain, de déclarer de nouveau que le Dieu des armées se mettait de son côté. Mais lorsqu'il y a quelque cause particulière qui l'appelle dans le royaume de Pluton, le feu du ciel ne fait jamais de difficulté pour s'y rendre.

On peut citer un certain nombre de coups de fou-

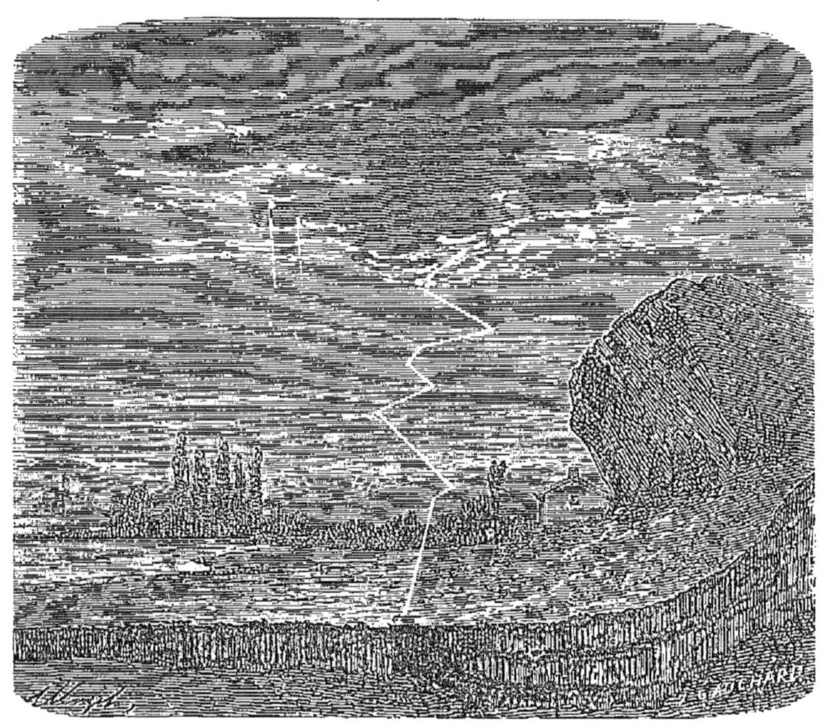

Fig. 41. Coup de foudre en plein champ, attiré par l'affleurement de filons métallifères.

dre qui semblent avoir été déterminés par le point d'affleurement de sources cachées, de veines de charbon, ou de filons métalliques avec une énergie proportionnelle à leur conductibilité. Qui sait si l'observation des allures de la foudre n'est pas un moyen à recommander aux chercheurs de mines dans les parties montagneuses du Tonkin.

Quelquefois même les foudres de la surface vont chercher les porions au fin fond des puits d'exploitation.

LA FOUDRE SOUS TERRE

Nous avons vu, dans une autre partie de cet ouvrage, que les maîtres du monde se réfugiaient sous terre pour échapper aux atteintes du feu du ciel.

Le 5 juillet 1855, les ouvriers des mines de Himmelsfurth (voir les *Annales de Poggendorff*) descendent dans leur puits et se dispersent le long du filon, se croyant à l'abri de toutes les révolutions célestes. Tout d'un coup chacun reçoit une violente secousse. Quelques-uns s'écrient qu'on les frappe dans le dos, d'autres croient qu'on leur donne un coup de bâton sur les bras, un coup de pied dans les jambes. D'autres s'imaginent qu'ils sont secoués par une main invisible, mystérieuse, sortant tantôt du sol, tantôt du plafond, tantôt des murailles. Un de ces mineurs est précipité avec force sur la paroi voisine. Deux autres qui se tournaient le dos vont en venir aux mains. Chacun pense avoir reçu un grand coup administré par son camarade dans une partie charnue et sensible. Si ces deux dupes du tonnerre n'avaient été détrompées, elles en appelaient au jugement de Dieu, à coups de poing dans le fond d'un champ clos placé à 1000 pieds sous terre!

Une corde en fil de fer descend de l'embouchure des puits d'une des principales mines de Freyberg jusqu'au fond des dernières galeries, dont la profon-

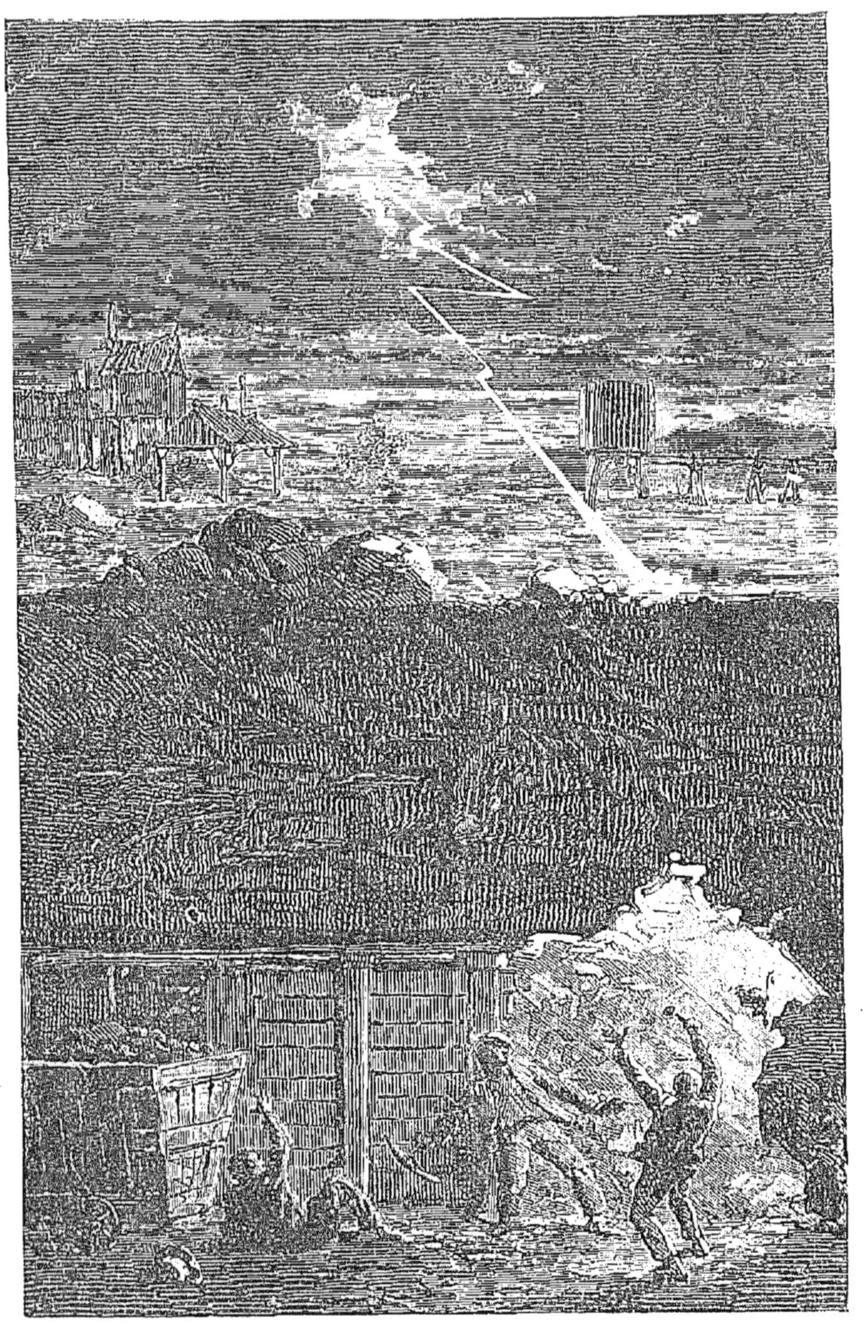

Fig. 42. Coup de foudre allant atteindre des ouvriers mineurs
à Himmelsfurth, 5 juillet 1855.

deur est proverbiale. C'est en tirant ce fil que les ouvriers chargés d'extraire le minerai communiquaient, avant l'invention du téléphone, avec les employés qui dirigent les mouvements des machines élévatoires. Une sentinelle se tenait en faction à chaque extrémité du conducteur qui mettait en rapport les habitants de l'abîme avec ceux de la surface de la terre.

Le 25 mai 1815, le guetteur du haut aperçoit la foudre se précipitant sur la corde de fer, projetant une clarté suffisante pour illuminer toute la chambre. En même temps le guetteur du bas entrevoit une flamme claire, vive et soudaine, sortant de l'autre extrémité de la chaîne. Cette lueur se répand dans la mine sans infliger à personne la moindre secousse.

Voilà une longueur de 12 ou 1500 pieds de fils intercalée dans le circuit d'une immense décharge, et, quoique provenant de l'ébranlement d'une masse énorme de fluide, cette décharge, enchaînée par le métal, ne produit aucun effet nuisible. L'orage du dessus a encore une fois pénétré dans les régions profondes, mais, atténué tout le long de son parcours, il arrive hors d'haleine au fond de cet abîme. Il ne peut plus manifester sa présence qu'en lançant un inoffensif éclair.

Toutefois on se tromperait beaucoup si l'on s'imaginait que toutes ces décharges souterraines sont essentiellement aussi peu dangereuses.

Nous avons raconté dans la *Liberté* du 15 janvier 1869 le récit d'accidents curieux que la foudre produisit dans le fond des mines de Carnyort, à Saint-Just, en Angleterre. Le météore, qui était encore une

fois tombé sur la maison de la machine, fila, comme
dans le cas précédent, le long du puits. Il frappa au
bras un ouvrier qui se trouvait à 50 mètres au-dessous
du sol. Le malheureux crut qu'il était victime d'une
tentative d'assassinat et que l'on venait de tirer sur lui
un coup de fusil. Continuant sa route, le météore
parvint à la profondeur de 600 mètres, enfila une
galerie latérale et la parcourut pendant une longueur
de 600 mètres, blessant un homme au pied et un
autre à la poitrine. Les autres ouvriers en furent
quittes pour la peur. Ils faillirent cependant être suffoqués par l'odeur d'ozone qui était épouvantable.

Mais s'en seraient-ils tirés à aussi bon marché
si l'étincelle avait trouvé sur la route un mélange
explosif formé par un mélange d'air et de gaz in-
flammable? Le grisou est en effet d'autant plus à
craindre au moment où éclatent les orages que la
pression ayant subitement diminué, les gaz renfermés
dans les pores du charbon ou dans les fissures ont une
tendance extraordinaire à se dégager.

LA FOUDRE ET LES TÉLÉGRAPHES ÉLECTRIQUES

Les lignes télégraphiques sont garnies de para-
foudres d'une construction assez simple, qui suffisent
pour protéger la vie des employés. Nous n'avons point
appris que les administrations françaises ou étrangères
aient jamais eu à déplorer la mort de leurs stationnaires foudroyés. Cependant la présence de ces appareils ne suffit point pour empêcher le tonnerre d'être

souvent fort embarrassant. Des courants spontanés mettent parfois les télégraphes hors de service pendant plusieurs heures. On n'était pas habitué à ces vicissitudes lorsque l'on commença à se servir du grand fil transatlantique. L'électricité naturelle ayant troublé les communications pendant vingt-quatre heures, il n'en fallut pas davantage pour produire une panique et faire tomber les actions d'un tiers pour cent sur la Bourse de Londres.

Pendant la nuit du 15 au 16 août 1868, beaucoup de préfets ont été privés du plaisir de correspondre avec le ministre à cause de l'orage de la Saint-Napoléon, qui a ravagé les départements de la Nièvre, de l'Yonne et de l'Aube ! Qu'aurait dit Son Excellence, si le hasard infini des combinaisons eût fabriqué un faux message dans une circonstance aussi grave, si l'enthousiasme des populations avait été transformé en défiance ?

Qui sait si l'orage du 29 juillet 1868, qui brisa les fils de la voie télégraphique de Paris à Berlin, n'arrêta point quelque message embarrassant pour M. de Bismarck. Peut-être profita-t-il d'une relâche due à la foudre pour tenir le cabinet français en suspens, et gagner quelques heures qui lui étaient nécessaires ?

C'est encore en Amérique que ce genre de phénomènes a été constaté pour la première fois, par M. Henry, le célèbre secrétaire de l'institut smithsonien.

Il y a déjà plus de vingt ans que l'illustre physicien de Philadelphie a reconnu que leur énergie est suffisante pour mettre en mouvement le marteau de Morse. Il se trouvait dans une station télégraphique de la ville de l'Amour fraternel, quand un orage vint à éclater dans le voisinage. Quelle ne fut pas sa surprise, car une vive étincelle jaillissait des fils chaque fois que l'éclair éclatait au dehors ! La tempête qui hurlait et faisait rage avait un écho dans l'intérieur des filaments métalliques, le long desquels la pensée des peuples volera bientôt d'un pôle à l'autre !

LA FOUDRE EN CHEMIN DE FER

La matière fulgurante ne se meut pas toujours dans toutes les substances avec le même degré de facilité. En suivant l'impulsion que lui donnent ces affinités invisibles pour des subtances également impalpables, elle produit des frottements qui, suivant les cas, se nomment chaleur, lumière, secousse physiologique. La lutte du fluide et des molécules tangibles est d'autant plus violente qu'il se présente en plus grande masse pour traverser les interstices que les atomes solides laissent entre eux. C'est ainsi que le niveau de l'eau d'un fleuve agit sur la rapidité de son cours et sur la manière dont il bouillonne autour des obstacles qui encombrent son lit.

La construction des chemins de fer aurait dû familiariser depuis longtemps avec les allures des courants naturels, car la foudre, que nous avons vu rechercher les ruisseaux de Paris, semble affectionner encore bien plus les rails. Que de fois les voyageurs épouvantés se trouvent enveloppés de véritables tourbillons électriques ! Les journaux de Toulon nous ont appris qu'un phénomène de ce genre a été constaté dans le

passage d'un train de la ligne de Marseille au moment
où je préparais la première édition de cet opuscule.
Les voyageurs semblaient circuler dans un océan de
flammes, tant les éclairs qui les escortaient étaient
rapides et brillants ! Cependant personne n'éprouva
la moindre mésaventure. Ces faits sont tellement fréquents que je ne chercherai pas à en tracer la nomen-
clature. M. Henry a vu, pour ainsi dire, le fluide
circuler dans l'intérieur des rails ; en effet, il aperce-
vait des étincelles lumineuses jaillissant de chaque
jointure. Le 21 juillet 1841, un remorqueur et quelques wagons qui se trouvaient près de Malines paru-
rent un instant tout en feu : un garde de la ligne fut
épouvanté de brillantes gerbes de lumière s'élançant
de chacun des angles. Le témoin de ces faits merveilleux appella à son secours quelques-uns de ses camarades, qui s'approchèrent de ces wagons pour les toucher, et qui ne tardèrent point à s'enfuir en s'apercevant qu'ils recevaient de violentes secousses. De nos
jours les hommes d'équipe seraient moins timides.

Quelquefois les aiguilleurs sont exposés à sentir des
chocs dont ils ne peuvent deviner l'origine. C'est ce
qui arriva, au mois de mai 1866, à un homme qui
travaillait à une plaque tournante sur un des chemins
de fer qui avoisinent Bordeaux. Un aiguilleur du
Vésinet reçut également une secousse violente en
1847 ; mais comme il entendit l'explosion, il ne fut
pas exposé à croire qu'il avait été victime d'une mauvaise plaisanterie. Tous les foudroyés, à une époque
où les chemins de fer étaient si nouveaux, ne se
montraient pas d'une humeur aussi accommodante.

Un terrassier qui travaillait, dans le courant de

mai 1866, à une table tournante sur un des chemins de fer voisins de Bordeaux, fut touché par un coup qui lui parut assené par une main humaine; on dut l'arrêter dans sa colère, car il rendait un camarade responsable des faits et gestes de la foudre.

Ces décharges spontanées sont très-nombreuses; il est fâcheux que l'on n'en tienne point registre, quoiqu'elles ne paraissent point à craindre, à moins que l'on n'ait la mauvaise fortune de passer derrière un foudroyé soupçonneux ou mauvais coucheur. Il y aurait en les étudiant des enseignements très puissants. J'ai été très bien secondé par quelques hommes d'équipe qui me racontaient ce qu'ils voyaient et m'ont fourni la matière de plus d'une communication intéressante. Que de faits curieux ne seraient-ils point révélés si les administrations tiraient parti de la bonne volonté du personnel nombreux et intelligent qu'elles ont sous leurs ordres.

A mesure que l'on s'éloigne du rail le danger augmente. Ainsi il paraît qu'au mois de juin 1846 on trouva à petite distance de la voie le cadavre d'un piéton qui avait eu la mauvaise idée de marcher le long de la voie. Il avait sans doute été foudroyé comme le policeman qui courait le long d'un canal, et dont nous avons raconté plus haut la tragique histoire. Quelquefois même l'influence des rails semble produire des effets d'une nature beaucoup plus grave.

Le 29 mai 1866, eut lieu à la Villette l'explosion d'une fabrique d'artifices, qui entraîna la mort d'une multitude d'ouvriers. Un peu après, la ville de Woolwich était le théâtre d'un accident identique. Au commencement de l'été 1868, un sinistre aussi considérable que les deux précédents épouvantait la population de Birmingham. Enfin, trois mois après, on voyait sauter un établissement dans la ville de Metz, que les fautes du gouvernement impérial n'avaient pas encore enlevé à la France.

LES DANGERS D'UN MAUVAIS VOISINAGE

Si nous avions vécu dans un temps où les sciences eussent possédé le rang qui leur appartient, on aurait ouvert sur ces quatre accidents des enquêtes sérieuses; mais, faute de renseignements suffisants, nous sommes réduits à des conjectures.

Nous avons lu dans un journal qu'avant la catastrophe de la Villette, on aperçut une multitude d'éclairs indiquant que l'usine était au centre d'un tourbillon de matière électrique en mouvement.

Comme elle était construite dans le voisinage du chemin de fer, nous nous demanderons naturellement si ces mouvements du fluide n'étaient pas produits par l'influence des rails. Est-ce qu'un courant dérivé n'a pas pu allumer l'étincelle si faible qui suffit amplement dans un cas pareil? La millième partie du courant qui fit rougir une scie dans les mains du contre-maître de la prison de Charleston; c'est plus qu'il n'en faut pour déterminer la déflagra- tion de quelques atomes de poudre fulminante, et par conséquent pour faire sauter l'usine entière.

Mais, direz-vous, quelle probabilité que l'induction s'étende à une distance aussi grande? M. Henry,

a obtenu l'aimantation d'aiguilles d'acier au moyen
de coups de foudre éclatant à plus de 50 kilomètres
de son laboratoire.

Nous pourrions trouver dans les ouvrages ou dans
nos souvenirs une multitude d'exemples des dangers
que fait courir cette électricité disséminée, hésitante.
Les journaux américains nous apprennent qu'une torpille placée dans le fond de la rade de Charleston pendant la guerre de la sécession a fait explosion ! Y aura-
t-il des gens pour prétendre que c'est quelque poisson
hostile à la race humaine qui s'est dévoué pour enflammer la capsule ? Des phénomènes très marqués ont lieu
souvent à petite distance des usines à gaz ; nous avons
eu occasion plus d'une fois de constater des fulgurations
répétées récidivantes dans la zone voisine, tandis que
les masses de fer de ces établissements avaient agi
comme l'auraient fait des paratonnerres étendant leur
protection sur tous les objets situés dans le périmètre.
Nous citerons des coups de foudre tombés en juillet
1872 dans le voisinage de l'usine de Courcelles, et
en août de la même année au sud-ouest de la ville de
Leicester. Il en serait tout autrement si les masses
métalliques qui constituent les gazomètres étaient
réunies au réservoir commun d'une façon intelligente
et scientifique.

Un paratonnerre en mauvais état d'entretien est
à craindre aussi bien pour le voisin que pour celui
qui s'en contente, car souvent, au lieu de frapper le
coupable, le fluide va s'adresser à côté. C'est ce qui
arrivait anciennement à la place de la Bourse parce
que le toit de ce célèbre édifice, qui a été recouvert
d'une magnifique plaque de cuivre rouge, est resté

isolé du sol pendant près de six ans à cause de l'ignorance des architectes. Les descentes aboutissaient bien
à des puits, mais ces puits avaient été creusés dans
de la pierre et par conséquent ne pouvaient donner
au fluide aucun écoulement. Il n'y avait point d'année
où des cochers et des passants ne fussent fulgurés
dans les environs. Depuis que les paratonnerres ont
été réparés par M. Grenet, en suivant les principes
que nous avons expliqués, le voisinage n'est pas
visité plus souvent que le reste de Paris.

LES PARATONNERRES INTERROMPUS

Les paratonnerres interrompus peuvent être employés pour obliger le tonnerre à écrire ses mémoires.
C'est ce que l'on n'a pas voulu faire à Paris, malgré
le paratonnerre interrompu qui fonctionne admirablement à l'observatoire de Greenwich depuis plus de
trente ans et qui a permis aux astronomes anglais de
démontrer des faits capitaux de la physique terrestre.
Ils ont en effet constaté que des courants spontanés
superposés répondent à tous les grands mouvements
astronomiques tels que la révolution de la terre autour
du soleil, sa rotation autour de son axe, et la rotation
de la lune autour de son centre.

Ces résultats sont identiques à ceux que le père
Kircher, un des plus grands esprits de la renaissance
de la physique, avait imaginés, et à ceux que Hans-
teen, l'incomparable directeur de l'observatoire de
Christiania, avait obtenus par l'étude d'hiéroglyphes

d'un autre genre, les courbes que l'on trace à la surface du globe à l'aide de l'observation de la direction que prend l'aiguille aimantée.

On note donc avec soin, depuis un très grand nombre d'années, les moindres mouvements qui ont lieu le long de la verticale, les plus faibles décharges obscures d'électricité qui se produisent entre le sol et les nuages. Malheureusement, quand les étincelles deviennent fulgurantes, c'est-à-dire lorsque la pièce naturelle approche d'un dénouement, le savant est obligé d'interrompre ses études, parce qu'il serait inévitablement foudroyé comme, suivant la mythologie, le fut Ajax pour avoir outragé Jupiter, et comme fut le pauvre Richmann à Saint-Pétersbourg, à la fin du siècle dernier.

La lacune du paratonnerre qui sert à mesurer les lacunes doit être comblée de sorte que le physicien n'a plus devant lui qu'une tige de cuivre dans l'intérieur de laquelle passent des flots d'électricité qui lui échappent. Les phénomènes deviennent lettre morte pour lui au moment où ils se développent dans toute leur complication. La matière fulgurante ne le met plus au courant de ce qu'elle fait alors quelle agit avec plus de violence.

FOUDRES CAPRICIEUSES

Mais cet heureux moment n'a point encore sonné à l'horloge du progrès, tant sont nombreux les phénomènes fulgurants sur lesquels il est difficile de se prononcer.

S'il fallait en croire un récit que nous reproduisons sans y ajouter foi, la végétation persisterait après des coups de foudre étranges. La *Revue des eaux et forêts*, raconte que deux arbres, un chêne rouvre et un pin sylvestre, ont changé de feuilles par suite d'une décharge qui passa de l'un à l'autre. Non contente de ce premier tour de force d'électricité la nature en aurait exécuté un autre; le journal annonce que les feuilles de pin greffées sur le chêne et les feuilles de chêne greffées sur le pin se portent à merveille. Ce phénomène bizarre aurait été constaté pendant le cours de l'année 1868, sur le territoire de la commune de Pont-de-Bussière (Haute-Vienne).

On dirait que la foudre trouve le moyen de réaliser avec la même facilité les effets les plus opposés.

M. Destrée, ancien juge au tribunal de Laon, est atteint par un coup de foudre à Versailles dans l'été de la même année. Il perd connaissance, et on le trouve étendu par terre. On parvient à le ranimer et on le porte sur son lit. On le croit sauvé, car il est rare que les blessures faites par la foudre ne se guérissent rapidement quand le malade a été épargné. Tout d'un coup, le convalescent ressent au cœur une violente douleur. Hélas! c'est le prélude de l'agonie, le malheureux ne tarde point à rendre le dernier soupir.

Quelquefois, au contraire, la vitesse de la paralysie fulgurale est si grande, que l'on croit être le jouet de quelque horrible hallucination, de quelque affreux cauchemar. Un malheureux qui était plein de vie est, comme dans les métamorphoses d'Ovide, changé en rocher, en moins de temps qu'il n'en faut pour s'en apercevoir!

Cardan rapporte que huit moissonneurs, prenant leur repas sous un chêne, furent frappés tous les huit par un coup de foudre, qui se fit entendre au loin. Lorsque les passants s'approchèrent pour voir ce qui s'était passé, l'un tenait son verre, l'autre portait le pain à la bouche, un troisième avait la main dans le plat.

Azrael s'était emparé d'eux avec tant de violence qu'il avait imprimé sur toute la surface de leur corps la teinte lugubre de ses ailes. On eût dit autant de statues sculptées en marbre noir; cependant ils semblaient continuer leur paisible agape, comme si la mort ne les avait pas cueillis au dessert.

Dans certains cas la vie fuit si rapidement que le visage n'a pas le temps de prendre une expression douloureuse. Les muscles se gèlent en gardant l'expression qu'ils avaient au moment où la foudre a frappé. Les yeux et la bouche sont ouverts comme à l'état de veille; si la couleur de la peau est respectée, l'illusion est complète. Ce spectacle des œuvres de la foudre est alors si effrayant, qu'il peut suffire pour foudroyer à lui seul ceux qui sont appelés à le contempler.

Quelquefois, au lieu de se contracter, la figure prend une expression singulière de recueillement, de piété, de béatitude. On en a conclu que les foudroyés rentrent sans secousse dans le sein de l'Être infini; on a prétendu que la mort par le feu du ciel est le prélude d'une éternité de gloire et de bonheur. Nous n'engageons point les enthousiastes à se mettre à cheval sur un paratonnerre en mauvais état *d'entretien* pour en faire l'épreuve.

Beaucoup de gens ont révoqué en doute la réalité de la terrible catastrophe racontée par Cardan : les astrologues ont si mauvaise réputation, que leur témoignage n'est guère admis en science. Mais plusieurs faits analogues se sont reproduits depuis lors dans des conditions identiques. Dix moissonneurs, réfugiés sous une haie, ont été depuis lors foudroyés à mort sans bouger plus que les moissonneurs de Cardan.

Ces malheureux profitaient d'un instant de repos et prenaient pacifiquement un modeste repas avant de continuer leur rude labeur. Un détail touchant, raconté par le révérend Butler, qui faillit être victime de cette effrayante catastrophe, montre avec quelle rapidité vertigineuse ces malheureux passèrent de vie à trépas : une des victimes tenait un chien sur ses genoux au moment où la foudre éclata. L'infortuné caressait d'une main son petit compagnon, et de l'autre il lui donnait un morceau de pain. Le maître et le chien n'étaient plus que d'inertes morceaux de muscles roidis, et cependant le pain était encore tendu par une main définitivement paralysée. La gueule, ouverte d'une manière expressive, semblait dire : « Maître, donne, donne encore, donne toujours. »

Voilà une rapidité qui serait incompréhensible si nous ne savions que l'étincelle voltaïque dure une fraction imperceptible de seconde. Tout s'explique peut-être si la mort est produite par la neutralisation de l'électricité qui parcourt nos nerfs. Car ce faible courant vital dont notre pauvre corps se contente se trouve absorbé, annihilé. Il suffit d'un atome de matière fulgurante, pour absorber cette petite flamme tremblotante qui constitue tout notre actif vital, et sur laquelle il doit être si facile de souffler. En effet, on a calculé que la combustion qui s'exerce dans nos poumons ne surpasse point en énergie une humble bougie de spermaceti, pareille à celle dont les Anglais se servent pour mesurer la puissance éclairante du gaz !

Mais la force d'aimer la vertu, de s'élancer vers l'infini, d'où vient-elle? où va-t-elle? Sans doute elle dépasse la force de l'électricité elle-même. Si, comme le disaient les anciens, nous avons deux âmes, le tonnerre ne peut anéantir que notre âme inférieure.

Mourir avec la rapidité de l'éclair, n'est-ce pas revivre avec la rapidité de la pensée elle-même? L'éclair qui tue si vite dure si peu de temps, qu'il nous montre en leur place les rails de la roue d'une locomotive. On dit même qu'il permet de suivre les boulets de canon dans leur route à travers les ténèbres. Mais donne-t-il le temps de s'apercevoir que l'on passe de ce monde imparfait en un monde meilleur avant que le tour ne soit joué?

LES MORTS VONT VITE

La rapidité de la catalepsie semble n'avoir d'autre limite que celle de la pensée elle-même. Parfois la contraction est si puissante, que la victime se trouve changée en statue qui résiste à la pesanteur et semble défier toutes les lois de la physique. . . . .

En 1845, quatre habitants d'Heiltz-le-Maurupt, près de Vitry-le-François, se réfugient sous une allée d'arbres; un d'eux a la malheureuse idée de choisir un saule, ce qu'il faut toujours éviter de faire, car cette essence semble avoir une affinité particulière pour la matière fulgurante. Ses camarades ne tardent point à s'apercevoir qu'une flamme claire jaillit de ses vêtements. « Tu brûles! tu brûles! tu ne vois pas que tu brûles! » s'écrient-ils; et comme leur compagnon ne bouge pas, ils se précipitent! Ils restent muets de terreur en voyant que, quoique debout, leur ami n'est plus qu'un cadavre[1]!

La contraction cadavérique instantanée, que nous venons de décrire dans le chapitre précédent, peut permettre, paraît-il, au cadavre de conserver, pour ainsi dire indéfiniment, des positions qu'une personne vivante ne pourrait garder pendant plus de quelques secondes. Un charlatan spirite figurant la catalepsie ne ferait pas mieux. La femme d'un vigneron des environs de Nancy cueillait des fleurs des champs, pour se faire un bouquet. Cette malheureuse est frappée par un épouvantable coup de foudre. On la trouve debout tenant à la main la marguerite qu'elle vient de détacher de la tige.

Vers la fin du siècle dernier, dit l'abbé Richard, le procureur du séminaire de Troyes revenait à cheval à son domicile. Il était suivi d'un frère, qui s'aperçoit qu'il vacille sur sa monture. Le croyant endormi comme d'ordinaire, il le secoue pour le réveiller ainsi

---

1. Il est probable que le danger de se réfugier sous les arbres varie en raison composée de leur hauteur, de leur forme ponctuée et de la quantité de sève qu'ils contiennent.

qu'il était presque toujours nécessaire de le faire. Le procureur avait été foudroyé pendant la route sans que son compagnon ait vu passer le fluide ; et, ce qui paraîtra bien extraordinaire, sans que le cheval eût reçu le moindre mal.

M. Boudin, rédacteur des *Annales d'hygiène*, raconte une histoire semblable.

Un prêtre qui était à cheval comme le procureur du séminaire de Troyes, fut foudroyé comme lui sans être renversé. Aussi heureux que la monture du procureur, le cheval de l'ecclésiastique continua à marcher impassible au milieu des éclairs, ne se doutant pas, que malgré les préceptes que nous avons énumérés si doctement, son maître avait été frappé et qu'il ne portait plus qu'un cadavre sur le dos[1].

Le malheureux abbé faisant souvent cette route, son cheval en connaissait trop bien tous les détours pour qu'il fût besoin de le guider par le fouet ou par le mors. On vit donc arriver l'animal portant son maître sur son dos, comme si rien d'extraordinaire ne s'était passé pendant ce fantastique voyage. Mais le voyageur ne devait plus descendre vivant de la selle où le tonnerre l'avait cloué en donnant à ses membres une rigidité effrayante.

---

1. Il est juste de dire à notre décharge que le maître étant plus haut que sa monture est plus exposé ; ne faudrait-il pas un paratonnerre spécial pour les cavaliers ? Avis aux trembleurs.

LA FOUDRE REÇUE DOCTEUR EN MÉDECINE

Il y a plus d'un siècle qu'on a essayé de faire servir l'électricité artificielle à guérir une foule de mala-
dies; on pourrait donc croire que l'on a reconnu
depuis de longues années les propriétés bienfaisantes
de l'étincelle de la nature, qui nous donne en un instant plus de fluide que n'en fourniraient, pendant
dix ans, toutes les piles du monde.

Cependant Arago semble demander pardon à ses
lecteurs s'il les entretient de quelque chose d'aussi
peu sérieux que les assertions de M. Roulder.

Ce gentilhomme ose prétendre — quelle audace!
— que le coup de foudre de 1835 améliora sa santé
générale, quoiqu'il eût commencé par éprouver à la
suite une paralysie temporaire.

L'auteur de la *Notice sur le tonnerre* a examiné
dans sa vie des milliers d'expériences sur les effets
physiologiques de l'étincelle provenant de la machine
électrique, cette humble sœur de la foudre.

Cependant il glisse avec une rapidité singulière
sur l'assertion d'ouvriers bonnetiers qui déclaraient
avoir été guéris de troubles nerveux à la suite d'un
coup de foudre ayant atteint l'atelier où ils travaillaient.

Ce n'est point qu'il soit difficile de reconnaître la
grande unité qui existe dans la science de l'homme
et dans ce qu'on peut appeler celle de la nature. Dès
que l'académicien du Fay tira une étincelle du gâteau

de résine, il reconnut dans cette petite flamme fugitive une sœur cadette de la foudre.

Mais l'idée que la foudre peut intervenir sur nos
sensations, sur nos pensées même, a des conséquences
tellement graves, qu'Arago n'a pu s'avancer qu'en
tremblant dans une voie remplie d'hypothèses, filles
de Mesmer. On ne touche point si légèrement au
fluide universel, dont certains savants n'aiment point
à entendre parler, de crainte qu'il ne brouille leur
science.

La foudre qui, au rapport de Zoontnyk, tomba,
le 13 août 1785, sur l'église de Saint-Marc, à Rove-
redo, atteignit le prêtre qui disait la messe. Au premier abord, il est assez peu intéressant de constater
qu'un vieillard de quatre-vingt-quatre ans ait pu se
passer de lunettes après l'explosion qui mit le feu à ses
vêtements. Quelles espérances folles, exagérées, ne
s'allumeraient point dans l'imagination de tous les
vieillards, de tous les gens riches et puissants qui
sentent la vie leur échapper ! Pourquoi ne pas chercher
à se rajeunir, en imitant l'accident qui arriva à cet
humble curé de province?

Voilà M. Gordley, acteur du théâtre de Surrey, qui
recouvre l'usage de son œil droit, dont il était entièrement privé. Cette heureuse aventure lui arriva grâce
à un aimable coup de tonnerre assez complaisant pour
éclater dans son voisinage.

A-t-on le droit de dédaigner la matière fulgurante,
s'il est démontré qu'elle possède la propriété de renouveler le plus délicat de nos sens?

La foudre qui tomba à Biberac, en Prusse, sur
deux bourgeois, les blessa grièvement l'un et l'autre,

mais l'un d'eux recouvra l'ouïe, dont il était privé depuis longtemps, de sorte que l'on peut dire que la foudre le récompensa magnifiquement des souffrances passagères qu'elle lui infligea.

Pour guérir la paralysie, la foudre paraît être souveraine ; il semble que la seule difficulté soit de savoir comment s'y prendre pour la recevoir en dose qui ne supprime point le malade en même temps que la maladie ; c'est un genre de cure dans lequel trop de docteurs sont passés maîtres.

Un gentleman d'Amérique était perclus, depuis son enfance, de tout le côté gauche. Un coup de tonnerre lui rend l'usage de ses membres après l'avoir si violemment atteint qu'il perdit pendant plus de vingt minutes toute connaissance.

Depuis vingt longues années, un Anglais prenait inutilement chaque été des bains d'eaux ferrugineuses ; il est frappé d'un coup d'une certaine violence qui, en moins d'une seconde le guérit d'une façon définitive. On raconte le même fait d'un malade traité dans un hôpital autrichien. Ayant eu la chance de se trouver sur le parcours de la foudre, il fut capable dès le lendemain de prendre son *exeat* et de retourner à son travail.

Le capitaine Scoresby rapporte une histoire analogue à propos du coup de foudre historique qui frappa le paquebot *le New-York*. Comme le gentleman américain, ce favori du tonnerre, un des passagers que le fluide atteignit, était privé de l'usage de ses membres depuis un nombre d'années très considérable. La foudre lui rend aussitôt l'usage de ses membres. Mais le malheureux paralytique est si surpris de se sentir guéri, qu'il se met pendant quelque temps à courir sans s'arrêter sur le pont du navire. Les autres passagers croyaient qu'il avait perdu la raison. Quand ils comprirent ce dont il s'agissait, ils s'inclinèrent devant les puissances inconnues, mystérieuses, qui venaient de faire un miracle.

Suzanne Schmacht était une vieille fille, paralysée si complètement depuis son enfance, qu'elle était hors d'état de faire un pas sans béquilles.

Un jour qu'elle se trouve seule dans sa chambre, un coup de foudre éclate avec un épouvantable fracas. La malheureuse se prosterne, invoquant le secours de Dieu avec toute la ferveur dont elle se sent capable. En ce moment, on entend frapper à la porte, c'est son frère qui veut entrer. Elle reconnaît sa voix ; elle cherche des yeux les béquilles avec lesquelles elle a l'habitude de se soutenir. Ne les trouvant pas, elle se dirige vers la porte, se préparant à ramper, mais elle tient sur ses pieds. O merveille ! elle marche sans appui. L'effroi, la secousse ont produit une cure merveilleuse ! Son frère, en la voyant toute droite, faillit s'évanouir de stupeur.

Un homme de cinquante-six ans souffrait d'un asthme et était confiné dans sa chambre, lorsque la foudre y tomba. Elle remplit son domicile d'une odeur sulfureuse qui faillit suffoquer sa femme, qui le soignait ; sa garde-malade fut blessée par-dessus le marché, mais lui fut guéri.

Madame Wynne, femme d'un pasteur, fut atteinte d'une tumeur cancéreuse après son accouchement. Un jour qu'elle admirait un orage, un rayon de foudre vint la frapper si durement qu'elle s'évanouit ; on eut quelque mal à la rappeler à la vie, mais deux jours après on s'aperçut avec surprise que la tumeur s'en allait, quelques jours après elle disparaissait.

Les animaux eux-mêmes, les chevaux et les ânes, peuvent profiter d'une faculté dont les savants n'ont point l'explication. Le docteur Guyton rapporte qu'un cheval portait plusieurs sétons lorsque ses deux voisins d'écurie furent tués. Ses sétons séchèrent d'eux-mêmes, et l'animal guérit avec une rapidité prodigieuse.

Toutefois on aurait tort de se fier aux effets que produit ce terrible docteur.

Tous les nerfs sont susceptibles d'être troublés dans leurs fonctions.

La fulguration ne produit pas seulement la cécité temporaire, plus ou moins longue, avec les suites plus ou moins prolongées, mais elle peut troubler toutes les facultés que le grand architecte de la nature a cru devoir donner à l'homme; quelquefois l'individu foudroyé est frappé de surdité, d'autres fois d'hémiplégie, quelquefois il lui est impossible d'articuler des sons, et d'exprimer les sensations qu'il éprouve autrement que par des hurlements.

Qu'on se figure une semblable catastrophe arrivant dans une de nos réunions publiques, à un des énergumènes qui outragent si audacieusement le bon sens; ne faudrait-il pas applaudir?

Nous voyons relatés dans des ouvrages sérieux une foule de cas où les sécrétions urinaires, salivaires, biliaires et autres peuvent se trouver tantôt surexcitées, tantôt totalement supprimées.

D'autres fois c'est la déglutition qui est devenue

impossible ; souvent la difficulté de respirer peut être assez grande pour amener la mort par suffocation, comme nous le verrons dans la partie de l'ouvrage où nous traiterons des blessures fulgurales.

Nous ne craignons pas de dire que ces faits bizarres sont loin d'être défavorables à l'idée d'une action médicale immense, incalculable, qu'il ne s'agirait que de savoir diriger.

Ils ne sont pas contraires à cette opinion populaire dont parle le docteur Sestier, et en vertu de laquelle les personnes foudroyées vivent en général fort âgées et complètement exemptes d'infirmités, bien entendu quand elles échappent aux brutales caresses du terrible visiteur.

Le docteur Sestier n'ose prendre un parti et il gourmande le docteur Hombre Firmas qui, plus hardi, adopte l'opinion contraire. Tout bien pesé, nous n'agirons pas autrement que le docteur Sestier et nous demanderons un supplément d'information avec expériences sur des animaux[1].

---

1. Nous devons citer, à propos des histoires étranges contenues dans ce chapitre, une opinion fort singulière des anciens mythologues. Ils prétendaient que les hommes qui avaient été admis à la table des dieux ne pouvaient plus mourir que de la foudre. Jupiter ayant eu la fantaisie de recevoir Ixion dans l'Olympe et de lui faire goûter à l'ambroisie, celui-ci se prévalut de cette faveur pour faire courir des bruits injurieux relativement à Junon. Afin de le punir, Jupiter n'eut d'autre ressource que de le frapper d'un coup de foudre, et de le précipiter dans le Tartare.

POUVOIR CHIMIQUE DE LA FOUDRE

L'étincelle de la nature agit de la même manière que l'étincelle voltaïque sur les matières animales si complexes, si notables, qui forment notre individu. Est-il donc surprenant que le sang se transforme sous l'influence d'une force sœur de celle qui produit les dépôts galvaniques?

Est-il raisonnable d'attaquer la véracité des auteurs parce qu'ils nous rapportent que les veines des sujets ouverts quelque temps après la mort, ont été presque toujours trouvées remplies d'un liquide noir et gluant?

Quelquefois· c'est la salive qui semble avoir été altérée dans ses propriétés chroniques. L'abbé Secondini, qui fut fulguré dans le monastère de Sainte-Marie les Anges à Faenza, s'aperçut que ses dents et ses gencives étaient couvertes d'une espèce de limon amer.

D'autres fois ce sont les humeurs qui, décomposées par la foudre, produisent des affections purulentes.

Le docteur Brillouet vit des cloches, des tumeurs, couvrir toutes les parties de son corps, et des exhalaisons méphitiques en sortir; pendant quelque temps il ne pouvait être approché par ses amis les plus chers, tant il exhalait une odeur repoussante.

Le docteur Gaultier de Claubry constata le même phénomène sur la personne d'une femme frappée d'un coup de foudre dans les environs de Blois.

Non-seulement le tonnerre empoisonne instantanément, mais il le fait à distance. Il ne paraît pas que le docteur Gaultier de Claubry ait été touché par la foudre pendant l'orage de floréal an II, à la suite duquel il éprouva tous les symptômes de la femme de Blois, et de son confrère Brillouet.

Bien plus, le fluide semble avoir la puissance de supprimer le lien vital ; on dirait qu'il détruit cette chaîne invisible qui fait que les molécules font partie d'un même organisme, qu'elles résistent dans une certaine mesure, aux affinités ordinaires de la matière.

La distension de l'estomac et des intestins par les gaz qui s'y développent spontanément, quelquefois sur les victimes encore vivantes, est un symptôme tout à fait extraordinaire de l'énergie incroyable de cette désorganisation moléculaire.

Les intestins d'un jeune homme foudroyé s'échappèrent avec violence dès que le chirurgien qui exécutait l'autopsie eut pratiqué une section dans la peau de l'abdomen.

Krels cite l'histoire d'une jeune femme dont le cadavre faillit faire explosion comme une bombe, tant le dégagement de gaz était intense.

Sénèque avait signalé la rapidité avec laquelle les vers se mettent dans les cadavres des sidérés, dont ils s'emparent quelquefois aussitôt que le vent tout puissant du tonnerre a soufflé sur la vivante étincelle.

Franklin rapporte, à cet égard, un fait du même genre. Presque tous les moutons d'un nombreux troupeau qui s'était abrité sous un grand chêne ayant été tués, le propriétaire envoya dès le lendemain des gens chargés de les écorcher ; mais l'infection était déjà si épouvantable quand les bouchers arrivèrent, qu'il leur fut impossible d'exécuter cet ordre.

Les hommes ne sont pas traités avec plus de respect.

Au mois d'août 1865, une foudre frappe trois jeunes gens des environs de Sedan. A peine a-t-on le temps de les enterrer, avant qu'ils soient changés en un liquide infect.

Richman, martyr de la science, tué à Saint-Péters-bourg dans une expérience sur la foudre, était telle-ment corrompu, qu'on eut du mal à le mettre entier dans son cercueil. Quelquefois la putréfaction arrive dans des circonstances horribles, atroces !

Le 25 juin 1794, à cinq heures de l'après-midi, la foudre frappe une dame dans une salle de bal, à Fri-bourg. Le cadavre, encore paré de ses vêtements de fête, est relevé au milieu du bal, avant que l'orchestre ait le temps de se taire. Un médecin, appelé pour l'examiner, est sur le point de s'évanouir tant l'odeur est repoussante. La pauvre femme tombait par mor-ceaux quand on la plaça dans son linceul. Les habi-tants de la maison où l'on avait dansé cette infernale contredanse avaient été obligés de s'enfuir à toutes jambes.

LA FOUDRE ET LE MICROCOSME

Nous savons d'une façon irrécusable, par mille expériences, que le corps humain est un excellent conducteur du fluide électrique. L'expérience prouve, en outre, que parmi la multitude de substances qui constituent cet objet si complexe, si merveilleux dans toutes ses parties, aucune, sans en excepter la substance cérébrale à laquelle les nerfs aboutissent, n'est douée d'une conductibilité comparable à celle des nerfs. Électriquement parlant, nous pourrions comparer ces filaments blanchâtres, régulièrement répartis dans le sein de notre chair, aux filons métalliques qui traversent les différentes couches stratifiées du globe. Ce sont autant de routes tracées à l'avance et que les courants induits doivent prendre de préférence, comme nous avons vu qu'ils se glissent le long des veines de fer, comme ils suivent incontestablement les veines d'or.

Si les courants primaires sont faibles et lointains, ils ne donneront naissance qu'à des effets tout à fait négligeables. Ils se manifesteront par une sorte de malaise, de surexcitation nerveuse, ou d'abattement. Trompés sur l'origine de ces crises, nous n'y verrons le plus souvent que la conséquence des mille petites misères de la vie humaine. Nous ne nous douterons point que l'étincelle atmosphérique est complice de nos colères, de nos ridicules emportements.

Si la foudre gronde dans le voisinage, les phénomènes prendront une forme plus nette, plus précise.

Qui sait si nous ne deviendrons pas la proie de convulsions que le passage de la foudre excite, mais qui ne nous saisiraient point sans notre pusillanimité, et que sans injustice l'on ne saurait reprocher exclusivement à la foudre toute seule.

Aveugles et insensés ceux qui croient n'avoir à

combattre que contre le froid et le chaud, le sec et l'humide! l'électricité, trop longtemps oubliée, reprendra bientôt son rang dans tous les traités sérieux d'hygiène.

Comme personne n'est sûr de rester maître de soi quand la foudre gronde à faible distance, nous pouvons dire que dans certains cas, du moins, elle suffit pour donner un démenti suffisamment énergique aux enseignements de la morale indépendante?

Pauvres humains qui croyons que notre raison suffit pour pénétrer tous les mystères de l'organisation du monde, sommes-nous sûrs que cette raison échappe aux entreprises de la foudre?

Quand une lourde nuée chargée de tempêtes pèse sur la capitale, dix-sept cent mille cerveaux oppressés par une commune langueur attendent une commune délivrance. Dès que l'éclair brille au ciel, plus de deux millions de poitrines hument l'oxygène. Alors tout paraît plus jeune, plus aimable et meilleur.

Heureux qui saisit ce moment où le tonnerre vient de parler pour demander ce qu'il recherche avec ardeur! Noir nuage qui parais si menaçant, approche, je ne crains point le feu que tu portes dans tes flancs assombris, car peut-être la flamme que tu recèles aura le pouvoir de me faire enfin gagner ma cause.

Mais, ce qu'il y a de plus merveilleux peut-être encore que la puissance de la foudre, c'est ce que nous appelons sa diversité. Nous ne saurions trop admirer cette faculté qui lui permet d'être strictement toute à tous.

Comment définir une force que l'on voit produire avec la même facilité les effets les plus contradictoires? Ne semble-t-elle point affranchie, comme nous l'avons déjà dit à plusieurs reprises, des règles ordinaires de la nature, cette flamme qui peut, en passant dans le même eudiomètre, réunir de l'oxygène avec l'azote, ou détruire la combinaison de ces deux gaz?

Cependant, si l'électricité souffle ainsi le froid et le chaud, ce n'est point qu'elle ait un seul caprice, ni qu'il y ait rien d'arbitraire ou de supérieur aux lois de la nature, dans les merveilles qui accompagnent sa présence.

Deux hommes se précipitent l'un contre l'autre, ils tirent le sabre en contractant vivement leurs muscles. L'un se sent paralysé, l'autre croit qu'un dieu invisible combat avec lui, car il se sent une vigueur nouvelle.

D'où provient cette différence? N'est-ce point de ce qu'il y a production d'un courant électrique qui a traversé l'air, et qui a diversement traité les deux adversaires? C'est donc la foudre qui mériterait d'être couronnée si l'on devait donner une récompense au vainqueur.

Une servante, citée par Felstrone, semble poussée par un mouvement convulsif et s'élance par la fenêtre. Comme elle ne se fait aucun mal, elle est tout étonnée de se trouver étendue sur le sol. L'on ne peut lui faire comprendre qu'elle s'est précipitée elle-même. Ceux qui l'avaient vue marcher ainsi comme un automate, s'étaient rendu compte mieux qu'elle de ce qu'elle faisait. En effet, ses muscles ne lui appartenaient plus, ils étaient devenus les esclaves du tonnerre.

Un exemple cité par Ludwig est encore plus étonnant.

Une autre domestique se trouve par hasard sur le passage de l'étincelle voltaïque. Pendant vingt minutes on la voit monter et descendre machinalement les marches de l'escalier.

Tout à coup elle tombe sans parole, sans mouvement; on accourt, on la relève, on lui demande ce qui s'est passé. Elle ne peut que balbutier des réponses entrecoupées.

Sous l'influence de la force qui s'était emparée de son être, le moteur intime de la volonté l'avait abandonnée. Il lui fallut un certain temps pour reprendre possession de son microcosme. Quand on est en quelque sorte chassé de sa propre maison, l'on n'y rentre point sans coup férir.

L'abbé Chabrol cite encore quelque part l'exemple d'un ouvrier que la foudre transforma en somnambule, absorbant ainsi sa raison, confondant pour un moment son intelligence. Quand ce foudroyé revint à lui, il avait quitté sa demeure, mais il lui était impossible de savoir ni ce qui l'avait amené ni comment il était venu dans un lieu où il n'avait que faire. Allez donc faire comprendre cette excuse à un juge d'instruction, si le tonnerre vous mène de nuit malgré vous dans le voisinage d'un coffre-fort!

Quelquefois les hallucinations cérauniques prennent une forme distincte, et font comprendre que le tonnerre ait pu faire des visionnaires. Une femme que la foudre avait blessée jetait des cris aigus chaque fois que quelqu'un entrait chez elle. Il lui semblait qu'un démon venait la chercher pour la porter en enfer.

Loin de nous, encore une fois, la pensée de relever le baquet de Mesmer, de conduire nos lecteurs au sabbat des sorcières, ou même de leur faire suivre Faust dans ses évocations devant l'Empereur!

Mais la baguette et le bonnet du nécromancien ne font-ils point rêver au pouvoir des pointes? Qui sait même si l'électricité sécrétée par un cerveau puissant par une volonté énergique, ne peut produire, à une faible distance, une portion des effets d'un tonnerre lointain? Il est incontestable que l'électricité produit sur l'intelligence les effets les plus divers.

Quatre hommes qui s'étaient réfugiés sous une grange voient tomber la foudre à une quarantaine de pas. Tous quatre sont saisi d'un grand effroi, mais trois conservent parfaitement leur raison. Un seul est frappé de folie furieuse. Ce malheureux se baissait et se relevait avec fureur comme un véritable possédé. Il criait à tue-tête : « Mais la foudre couvre la terre! baissez-vous pour la ramasser! il y a de quoi en remplir plusieurs corbeilles! »

Scheutzer raconte, de son côté, que la foudre qui tomba sur un groupe de trois jeunes gens en laissa un avec la vie sauve. Cet échappé du feu céleste se précipita dans une église en hurlant qu'il allait chercher sa tête, que le tonnerre lui avait volée de dessus ses épaules.

Les anciens regardaient les fous comme des instruments passifs de la volonté divine : c'est pour cela qu'ils écoutaient leurs moindres paroles; c'est en vertu du même principe que nos bonnes femmes croient que le temps va se mettre à la pluie quand le chat se gratte l'oreille, et que la grenouille monte à son échelle. Plus habiles instinctivement que Mathieu de la Drôme, Mathieu Laensberg ou tous les Mathieu

Fig. 43. Effroi de l'abbé Maffei en voyant sortir une flamme électrique
de la terre.

du monde, ces familiers de l'humble foyer domestique ne se trompent jamais sur la nature des présages.

C'est toujours sur les êtres maladifs, imparfaits, souffrants, que le temps se fait le plus énergiquement sentir. C'est quand l'électricité de l'atmosphère s'agite que le faux Louis XVII se dresse plus fièrement dans son cabanon. Alors le Père éternel répond à ses gardiens d'un air plus grave et plus majestueux.

Quand les follets étincellent dans les cimetières, les regrets s'allument et les remords deviennent plus cuisants. Hamlet parle au spectre de son père, Macbeth est poursuivi par l'ombre du monarque assassiné! à la lueur des éclairs blafards la reine coupable voit apparaître sur ses mains mal lavées, les taches indélébiles et sanglantes.

Qui sait si ce n'est pas un coup de tonnerre éclatant trop près d'un lunatique qui fait quelquefois publier de grotesques manifestes.

Souvent le passage de la foudre produit le délire d'épouvante, et cette terreur fulgurale peut frapper les hommes les plus robustes, les plus courageux du monde. Nul héros qui puisse échapper à cette terreur d'un nouveau genre, plus excusable que celui de l'abbé Maffei en voyant sortir d'un cimetière une flamme inoffensive.

Un marin du navire *la Médée* resta plus d'un quart d'heure dans un état de mort apparente après la chute d'une foudre qui le blessa grièvement. A peine rappelé à la vie, il jeta des regards effarés autour de lui, et voulut s'échapper de son lit, où on le retint avec force. Alors commencèrent des plaintes, des gémissements, des pleurs accompagnés de tremblements nerveux de tout le corps. Il appelait à chaque instant la Vierge à son secours.

Quelquefois, au contraire, le tonnerre semble éclairer les idées et donner plus de pénétration au génie, comme si l'intelligence s'était trouvée soumise à une action bienfaisante. Ainsi Ingenhousz croit que sa raison gagna beaucoup à la décharge d'une bouteille de Leyde, qu'il reçut dans la tête. Cependant il commença par tomber sans mouvement, et par rester quelques instants privé, comme un foudroyé vulgaire, de toute connaissance. A ce compte, que de savants patentés auraient besoin qu'un petit coup de foudre vînt remuer les circonvolutions de leur cervelle! Ma foi s'il en est ainsi, je me risque et n'ayant point, après tout, grand'chose à perdre, je ne demande pas mieux qu'une foudre vienne m'ouvrir des horizons nouveaux!

Qui sait si quelque tonnerre fortuné n'a point éclaté quand Archimède méditait sur le poids de la couronne de Hiéron? Le tonnerre n'a-t-il pas fait entendre sa voix quand Newton a vu tomber sa pomme? quand Galilée regardait l'oscillation du lustre? quand Giffard a imaginé son injecteur ou quand Arago s'est aperçu que l'aiguille de la boussole était ralentie dans ses oscillations toutes les fois qu'elles avaient lieu au-dessus d'une plaque de cuivre?

EFFETS EFFRAYANTS DU TONNERRE

Je ne peux lire sans émotion le récit bien simple que fait l'abbé Richard, dans son *Histoire de l'air*, de la mort du procureur Siméon de Tracy; car cet auteur véridique et naïf, quoique un peu crédule, rapporte que les os de ce malheureux furent nécrosés et comme instantanément fondus à la suite d'un coup de foudre qui vint à éclater dans le voisinage.

Comment m'empêcher d'ajouter qu'une croyance populaire rapportée par Peltier avant que ce fait eût été publié, attribue ces effets à la foudre?

Puis-je passer sous silence la femme foudroyée en 1773, dont parle le docteur Mitié, et dont l'histoire paraît authentique? Quand on ramassa le cadavre, on s'aperçut qu'il n'offrait plus qu'une masse molle sans résistance. Fluidifiés par une incroyable activité chimique, les os de la malheureuse s'étaient en quelque sorte fondus dans l'intérieur de ses membres.

En 1838, un violent orage ayant éclaté dans les environs de Nimègue, plusieurs bœufs furent tués dans les prairies voisines. En les relevant, on trouva qu'ils avaient les os brisés en mille morceaux, comme si la moelle qui les remplisait avait été changée en une espèce de poudre fulminante.

Ce fait, auquel on ne peut songer sans horreur, fut constaté, suivant Honorius, d'une manière encore plus étrange dans la Marche de Pilnitz, en 1718. Huit brebis ayant été frappées par un coup de foudre, on voulut utiliser leurs cadavres pour la boucherie, mais on trouva que les débris de leurs os étaient tellement répandus dans leur chair qu'on ne put s'en servir comme aliments.

Comment ne point rapprocher ces faits des menaces de la Bible, où l'on lit, quelque part, je crois dans les *Psaumes*, ces mots adressés aux méchants : *Et je leur briserai les os?*

L'explosion prend quelquefois une forme plus effrayante encore.

Le *Nautical Magazine* raconte qu'un matelot fut coupé en deux par un tonnerre qui frappa le vaisseau *l'Africaine*, le 1er août 1863.

Le 29 avril 1769, près de Romilly, en Picárdie, on trouva quatre chevaux renversés du même coup sur la route. Leurs instestins avaient été lancés hors du corps en un instant, comme s'ils avaient fait explosion comme s'ils avaient brouté non de l'herbe, mais une torpille.

D'autre fois, c'est la combustion qui marche avec une rapidité épouvantable.

Un faucheur est tué, je ne me rappelle plus où, par la foudre. Une flamme court sur ses cheveux, sur ses habits; on se précipite de toutes parts : le malheureux n'est plus qu'une immense cloche de brûlures !

Chose étrange, inexplicable, il y a des cas dans lesquels le feu semble s'être concentré de telle sorte que l'enveloppe de l'être a été en quelque sorte respectée, — au moins elle subsiste encore, — cependant l'animal qu'elle renferme n'est plus qu'un monceau de cendres. Ainsi Toaldo rapporte que toute la masse intérieure d'un bœuf fut consumée, et que la peau était restée intacte, comme le plumage des faisans dorés qui recouvre le rôti fait avec leur chair.

Le Laboureur raconte dans son *Histoire de Charles VI,* que la foudre ayant pénétré par une lucarne

de l'appartement du Dauphin, tua dans son anti-
chambre un jeune écuyer. La matière fulgurante aurait
consumé tout le dedans du corps, ne laissant d'entière que l'épiderme, qui était devenu noir comme
du charbon.

Le grand Condé, arrivant à un carrefour de la forêt
de Compiègne, voit une femme debout qui reste
immobile malgré ses cris. Impatient de cette obstina-
tion, il donne un coup de fouet; la malheureuse
s'affaisse, ce n'était plus qu'un monceau de cendres,
qui se tenaient ensemble par une espèce de miracle.
Foudroyée quelques instants auparavant, elle n'attendait que ce coup de fouet pour tomber en poussière.

Lorsque la foudre tomba sur la salle de spectacle
de Feltre, dans l'État vénitien, six personnes furent
réduites en cendres, au rapport de l'abbé Richard,
qui mérite plus de confiance que l'auteur anonyme de
la légende précédente.

Antoine Louis déclare, dans ses *Observations sur
l'électricité*, qu'on a vu le tonnerre écraser un arbre
sans y laisser la moindre trace de combustion. Il
réduisit au contraire en cendres un berger qui se
trouvait au-dessous. D'où provient cette différence?
A quel dieu devons-nous attribuer ces étranges
caprices?

COMMENT L'OISEAU A-T-IL PU SORTIR DE SA CAGE

Certes, on doit être effrayé de la puissance de
l'agent qui nous prend la substance de nos os; mais

ce qui est plus épouvantable encore, c'est sans con-
tredit, sa subtilité. Comment, en effet, ne pas trembler en voyant que des animaux, des hommes même
cessent de remuer, de penser, de vivre, sans qu'aucun
changement appréciable se soit produit sur le mécanisme de leur être? Par quelle porte l'oiseau s'est-il
échappé, suivant la charmante expression de Plutarque,
qui connaissait le phénomène? Comment a-t-il fait pour
sortir de sa cage?

Le docteur Peltier a réuni un grand nombre
d'exemples qui paraissent inattaquables, à moins
cependant qu'on ne préfère soutenir que l'examen des
hommes de l'art a été imparfait.

Lorsque M. Daussac fut tué dans le grand coup de
foudre de Castres, nous savons qu'il était à cheval
avec deux amis, et que les trois chevaux furent renversés sur le coup. Malgré la force de la décharge, on
ne put découvrir aucune lésion sur les cadavres ni de
l'homme ni des bêtes.

Quatre chevaux furent foudroyés quelques années
plus tard dans les environs de Douvres. John Lyon,
qui rapporte le fait, raconte qu'on ne vit pas non
plus par où était entré le coup qui les avait frappés.
Le 9 septembre 1843, la foudre tua plusieurs chevaux
dans une écurie. Ils ne présentèrent non plus aucune
cicatrice, au rapport des vétérinaires.

Peut-être les partisans de la doctrine des *animaux-ma-
chines* verront-ils dans ces circonstances la preuve que
ces animaux n'ont pas d'âme. Dans ce cas, la cage n'a
pas besoin de s'ouvrir pour que l'âme puisse s'envoler;
mais les hommes, direz-vous? Les hommes eux-mêmes
en ont souvent si peu, répondrait Méphistophélès.

Scheutzer affirme qu'on ne put trouver aucune trace de blessure sur le cadavre d'un jeune homme que la foudre frappa près de Zurich.

Antoine Laires, ayant eu l'occasion d'examiner avec la plus grande attention les restes d'un adolescent tué par le météore, à Metz, affirme n'avoir trouvé à l'extérieur ni brûlure ni contusion.

L'abbé Richard rapporte qu'un laboureur ayant été foudroyé près d'Aigueperse, en Bourbonnais, on ne découvrit sur son corps aucune lésion quelconque, On n'aurait pu deviner la cause de sa mort, si plusieurs personnes qui étaient à quelque distance n'avaient vu la foudre le frapper d'un coup terrible.

Ces témoignages, que nous pourrions multiplier, du reste, paraissent trop graves pour que nous soyons à même de les révoquer. Mais quand même M. Antoine Laires, M. Scheutzer, M. l'abbé Richard n'auraient étendu leurs observations que jusqu'à l'espèce humaine nous n'en serions pas moins disposés à avoir recours à d'autres explications qu'à l'idée cartésienne.

N'avons-nous pas vu qu'il est nécessaire de modifier les idées vulgaires sur la foudre et le tonnerre?

C'est se faire une idée tout à fait extravagante que d'assimiler les blessures faites par la foudre à celles que l'on reçoit sur les champs de bataille. Nous nous trouvons en effet en présence d'une matière qui agit en quelque sorte directement sur notre être. Elle semble avoir une espèce d'affinité avec notre âme. A tel point que le grand Priestley avait fait du Moi une véritable substance. Quoique impalpable et incorruptible, elle était composée d'une matière subtile plus ou moins analogue au mystérieux fluide de la foudre.

Quoi qu'il en soit, l'oiseau qui gazouille dans notre cervelle n'a pas besoin qu'un effort mécanique brise les barreaux de sa cage pour qu'il lui soit possible d'en sortir.

FRANKLIN ET LES ROIS

Ce n'est ni par hasard, ni par imitation ou réminiscence des anciens que Franklin fut conduit à inventer le paratonnerre. Son admirable découverte fut la généralisation hardie d'une très belle expérience dont personne n'avait saisi la portée pratique. Il conçut la pensée sublime de traiter les nuages comme une immense machine électrique que l'on empêche de se charger lorsqu'on y place une pointe de cuivre ou que l'on se place devant elle en tenant à la main un morceau de fer taillé en cône.

Pour vérifier son invention, ce grand homme employa un instrument d'une simplicité admirable : un petit cerf-volant pareil à ceux dont se servent les enfants, avec cette différence qu'il est terminé par une pointe de fer, et qu'il est retenu par un fil métallique dont le bout plonge dans les parties conductrices de la terre.

Nous avons vu que les Césars de l'ancienne Rome se renfermaient dans leurs souterrains où leur orgueil aplati tremblait à son aise quand la foudre grondait. Quel contraste avec l'ancien ouvrier imprimeur, le descendant des pèlerins de la *Fleur de mai*, qui ne craint point de provoquer les nuages. Pour exécuter

Fig. 44. Franklin et son fils faisant, à Philadelphie,
l'expérience du cerf-volant électrique.

une expérience aussi dangereuse, il ne veut d'autre aide que son propre fils; n'est-ce pas aussi beau que le sacrifice d'Abraham?

Interrogés avec cette hardiesse sublime, les nuages ne tardèrent point à répondre. Le courageux et sagace observateur ne fut pas longtemps à reconnaître qu'il tenait le feu du ciel renfermé dans sa machine de papier. Une étincelle jaillissait chaque fois qu'il approchait son doigt de la corde conductrice.

Le principe du paratonnerre était découvert, mais, hélas! il ne suffit pas pour réussir dans une invention nouvelle, de dompter la nature. Que de démarches, de travaux sont indispensables au génie pour faire comprendre à la médiocrité suffisante le prix de ce qu'il est parvenu à conquérir.

Même lorsque l'on veut dompter la foudre au profit de l'homme, le plus redoutable obstacle provient presque toujours de l'homme lui-même.

Quand l'annonce de la découverte du philosophe américain arriva de ce côté de l'Atlantique, elle fut reçue avec empressement par les uns, avec une explosion d'incrédulité par les autres. La *Société royale de Londres* accueillit avec dédain la communication que lui fit de ces immortelles expériences le docteur Mitchell. Des caricatures furent affichées dans les carrefours, des ecclésiastiques invitèrent l'autorité laïque à interdire l'usage d'un instrument aussi dangereux.

Quelques siècles plus tôt, Franklin était évidemment brûlé, comme l'ont été tant d'inventeurs, tant d'hommes de génie accusés de sortilège!

Grâce au progrès des lumières, la torture, cette

fois, fut toute morale. L'opposition la plus vive vint d'un roi dont heureusement Franklin n'était pas le sujet. Frédéric, dit le Grand, fut humilié de voir qu'un homme qui n'avait peut-être jamais porté de manchettes, eût découvert un instrument dont le principe avait échappé à tous les savants poudrés dont il aimait à s'entourer. Son âme petite et mesquine en conçut une jalousie incurable.

L'astucieux et patient fondateur de la monarchie prussienne mit autant d'ardeur à convaincre d'imposture cet ouvrier, ce parvenu, qu'à triompher de Marie-Thérèse. Mais il apprit bientôt, aux dépens de son orgueil, qu'il était plus aisé de partager la Pologne, d'arracher la Silésie à la fille des Césars, et même de gagner la bataille de Rosbach, que d'arrêter la marche triomphante de l'idée, cette lumière invincible!

Un homme de bien et de savoir, le docteur Fothergill, membre influent de la Société royale de Londres, prit sous sa protection le traité dans lequel Franklin donnait la théorie de ses découvertes. Bientôt cet ouvrage immortel fut traduit en italien, en allemand, et même en latin! Les expériences de Franklin furent répétées par de Romas à Nérac; à Montbard, par Buffon lui-même; à Saint-Germain, par Delor; à Turin, par le P. Beccaria; et enfin en Russie, par Richmann. Ce dernier, qui avait voulu construire un cabinet à demeure pour étudier les propriétés de la foudre, périt bientôt victime de son zèle. Une boule de feu, sortant du conducteur qu'il avait attaché à un paratonnerre, le frappa au front en présence du graveur Salkikoff. Comme on le voit, rien ne manquait aux frankliniens, pas même l'auréole du martyre.

Presque inconnu jusqu'à ce jour en Europe, le sage de Philadelphie devint l'objet d'un empressement universel. Les académies le recherchèrent avec autant d'avidité qu'elles avaient mis de dureté à l'éconduire. La Société royale de Londres répara de son mieux ses torts en le dispensant du payement des vingt-trois guinées qu'elle exige de chacun de ses membres.

Les honneurs ne séduisirent pas le bonhomme Franklin, qui, restant toujours simple, franc et ouvert, se laissa décerner la médaille Copley, associer à l'Académie des sciences de Paris, comme Leibnitz et Newton avaient consenti à être nommés docteurs honoraires des universités d'Édimbourg et d'Oxford.

Mais pendant ces discussions, la prospérité dont jouissaient les colonies d'Amérique avait excité la colère de la cour de Saint-James. Le roi George avait conçu le projet d'essayer les forces de son despotisme germanique en privant les colons américains de leurs droits héréditaires. Bientôt la grande journée du 14 décembre 1773 devait donner le signal de l'émancipation du nouveau monde. Les bourgeois de Boston allaient donner un thé magnifique aux poissons de la baie du Chesapeake.

La haine de George croissait pour cet insolent ouvrier qui osait être l'ambassadeur de ces rebelles à quelques pas des cages de fer de la Tour de Londres et des gibets de Newgate. Un évêque anglican nommé Wilson se chargea de châtier l'insolent physicien, en démontrant qu'il fallait terminer ses paratonnerres non par des pointes, mais par des boules.

Wilson, ami, avocat de George III, obtint de la Société royale de Londres toutes les ressources nécessaires pour faire de grandes expériences. Il vint à Paris pour démontrer ses principes devant l'Académie des sciences. On mit à sa disposition le Panthéon, que l'on construisait alors avec l'intention de le consacrer à sainte Geneviève. L'évêque anglican échoua de la façon la plus complète, ce qui ne l'empêcha point de revenir dans son pays, en triomphateur.

Le docteur Pringle, qui était président perpétuel de la Société royale de Londres, ne put s'empêcher de protester contre ces allures de l'ignorant prélat. Le monarque se fâcha et obligea le malheureux docteur à abandonner sa haute fonction. George oublia quelques instants ses déboires de la guerre d'Amérique : Franklin et les frankliniens étaient vaincus, écrasés à la Société royale.

Mais l'Académie des sciences de Berlin s'insurgea en faveur de Franklin. Elle eut honte de préférer l'opinion du roi à la vérité. Elle exigea que l'on mît des paratonnerres sur les arsenaux et sur les bâtiments de Sa Majesté Prussienne. Le grand Frédéric s'en vengea en défendant qu'on en fît autant sur le château de Sans-Souci.

Cette fantaisie, dernière et impuissante protestation, fut respectée longtemps par les successeurs de Frédéric. Nous croyons qu'il n'en est plus ainsi de nos jours, sans cela nous aurions entendu dire que quelque foudre malapprise a troublé la joie de nos vainqueurs.

Placés en dehors du mouvement scientifique et philosophique, les rois d'Espagne n'avaient pas pris part à ce débat. La question des paratonnerres ne regardait pas Leurs Majestés Très Catholiques.

On se garda bien de placer la *verge hérétique* sur

le palais de l'Escurial. Aussi la foudre visita plusieurs fois ce séjour, dont les prières de l'Inquisition ne pouvaient écarter le feu. La dernière fulguration de l'Escurial eut lieu quelques semaines seulement avant que le jeune Amédée renonçât à faire le bonheur de son peuple. Qui sait si ce violent coup de foudre tombant sur la galerie des rois ne fut point considéré par lui comme étant d'un lugubre présage et ne le décida point à prendre un parti aussi sage?

LE PARATONNERRE DES TREMBLEURS ET LE PARATONNERRE POUR TOUS

Dans l'entraînement de sa victoire Franklin tira de ses paratonnerres des conséquences abusives et erronées. Il pensa que l'on pouvait, à l'imitation des anciens Thraces, désarmer les nuées en dirigeant vers le ciel d'immenses pointes de fer pour soutirer l'électricité de l'air.

Il vivait alors à Berlin un physicien allemand nommé Reimar qui était dévoré du désir de plaire à son roi, et qui, par haine de Franklin, inventa le paratonnerre des trembleurs. Il bannit complètement toutes les pointes de fer, de peur d'appeler la foudre, et se borna à couvrir les faîtages de lames métalliques en communication avec le sol.

Les pointes ont certainement du bon, malgré les sophismes de Reimar et de Wilson, mais il est puéril de chercher à leur faire épuiser l'électricité des nuages, c'est ce qu'a remarqué M. Grenet qui se contente de les réduire à des proportions minimes et

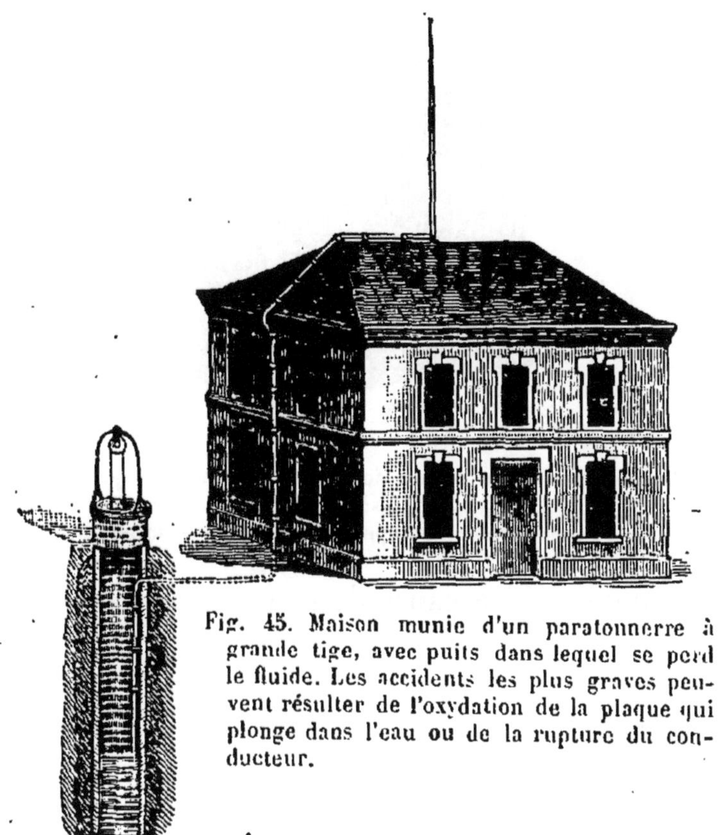

Fig. 45. Maison munie d'un paratonnerre à
grande tige, avec puits dans lequel se perd
le fluide. Les accidents les plus graves peuvent résulter de l'oxydation de la plaque qui
plonge dans l'eau ou de la rupture du conducteur.

les placer dans des endroits où le circuit des faîtes né

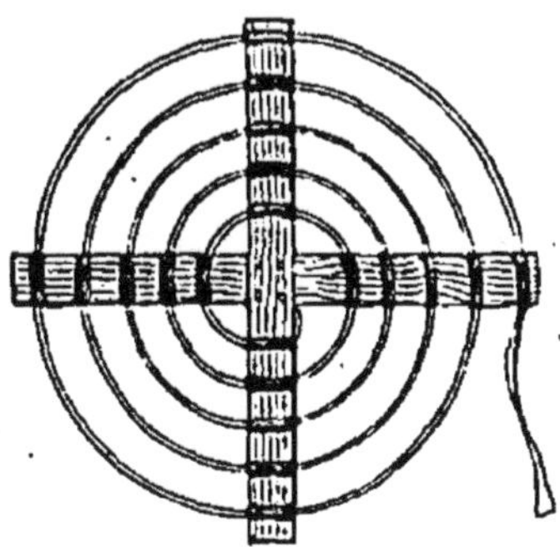

Fig. 46. Perd-fluide roulé en spirale afin d'augmenter les surfaces mises à
plat de sorte à diminuer la couche d'eau nécessaire à son efficacité.

créerait pas une protection économique et sûre. Cet

ingénieur a créé depuis peu le *paratonnerre pour tous*,

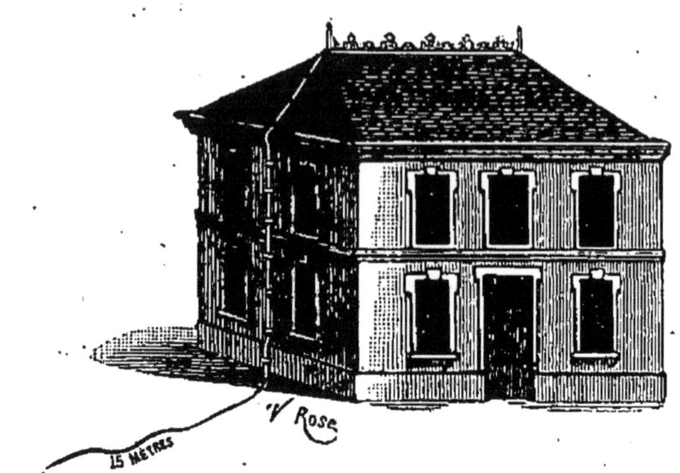

Fig. 47. Maison pourvue du circuit des faîtes et ne portant que des pointes de hauteur médiocre, juste suffisantes pour déterminer la marche du fluide. Dans ce cas le perd-fluide peut être placé dans la terre végétale.

qu'il nomme ainsi à cause de la facilité avec laquelle

Fig 48. Petite pointe placée au-dessus du mitron. On voit le ruban roulé en couronne prêt à être fixé sur le mur en profilant toutes les corniches.

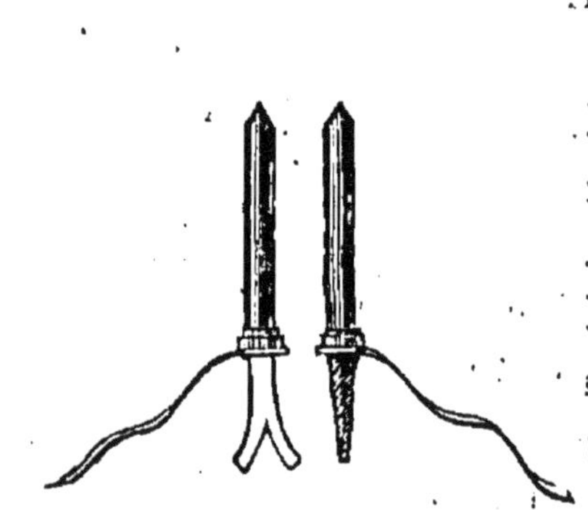

Fig. 49. Tiges du paratonnerre pour tous portant leurs modes d'attache et leurs rubans en cuivre.

il l'établit. Il rattache de plus toutes les parties métalliques au sol et il termine le conducteur par une lame de cuivre roulée en spirale afin d'augmenter les contacts avec le sol humide.

Un officier d'état-major, frappé de la multiplicité des coups de foudre dont sont victimes les soldats en campagne, vient de lui demander d'établir le paratonnerre des camps, en appliquant dans leur simplicité les principes précédents.

Le piquet de la tente servira pour dresser la pointe, qui sera de cuivre, car le platine doit être banni comme entraînant dans des dépenses inutiles. Ce n'est pas pour cette application que ce métal mérite d'être tiré des laboratoires où il est jusqu'à cette heure presque exclusivement combiné.

Le paratonnerre est un objet usuel et non un appareil de luxe, tous les raffinements qui sont la joie des constructeurs doivent en être bannis.

Pendant ce temps M. Melsens, savant belge, renchérissant sur les théories de Reimar, cherchait à réaliser avec son système de paratonnerre les phénomènes de la cage métallique de Faraday. Comme on ne parvient même pas à impressionner des feuilles d'or lorsque l'électromètre est ainsi entouré, il en tira la conclusion bien simple qu'on serait parfaitement à l'abri dans un édifice protégé par un réseau de conducteurs se croisant dans tous les sens.

La proposition est indiscutable, mais il est également incontestable qu'un tel luxe de précautions est inutile, excepté pour élever l'industrie des marchands de paratonnerres à la hauteur d'une institution publique.

C'est à l'hôtel de ville de Bruxelles que le système

Melsens fut réalisé avec un développemment qui ne
fait de mal à personne, mais dont les Belges de
l'avenir seront peut-être les premiers à se moquer

LES PARATONNERRES EN FRANCE

L'immense popularité qui s'attacha au nom de
Franklin exerça une merveilleuse influence sur la
cour de Versailles. La gloire de l'ouvrier imprimeur
pesa lourdement dans la balance de la diplomatie.

Quoique l'Angleterre fût alors notre ennemie héré-
ditaire, je doute que la monarchie des Bourbons eût
secouru l'Amérique si l'envoyé des insurgés n'eut inventé le paratonnerre.

Les Américains étaient perdus si cet instrument
merveilleux avait été découvert par un loyaliste comme
le comte de Rhumford. Heureusement pour nos amis
de l'autre côté de l'Atlantique, ce dernier se borna à
imaginer, bien après la guerre de l'indépendance, la
marmite économique.

Dans ce monde, tout n'est qu'heur et malheur. Il
faut que la fleur du génie s'épanouisse à point nommé
pour qu'elle porte les fruits au soleil de l'histoire.
Franklin faillit être privé de sa gloire par un con-
seiller au présidial de Toulouse. Au moment où le
savant américain lançait son cerf-volant dans les
nuages, M. de Romas se livrait, de son côté, aux
mêmes expériences. Il faisait des observations analogues avec des cerfs-volants beaucoup mieux construits et s'élevant à une hauteur beaucoup plus

grande. Il tirait de la corde de son gigantesque appareil des étincelles qui l'eussent infailliblement
foudroyé sans le concours de l'excitateur, instrument
qui permet de manier des masses immenses de
fluide! Mais il ne devina point le paratonnerre, il ne
vit pas l'étincelle de vérité qui jaillit devant l'Américain et lui montra le moyen de désarmer Jupiter!

Fig. 50. Figure théorique représentant le globule de matière fulgurante
sécrété par la machine rhéostatique de M. Planté. Les deux fils vont aux
pôles de cette machine, qui est composée de huit cents éléments. La plaque
supérieure du condensateur à lame de mica est en contact métallique avec
le pôle +. La plaque inférieure est invisible mais elle est en contact
métallique avec la colonne de cuivre à laquelle est attaché le pôle négatif.
L'ordre inverse peut être adopté sans que le phénomène cesse de se
produire.

Comment se fait-il que ces deux hommes, qui habi-
taient à deux mille lieues l'un de l'autre, qui ne
s'étaient jamais vus, qui n'avaient jamais eu aucun
rapport, se soient donné rendez-vous autour de la
même idée, qui, pendant des milliers d'années, ne
s'était présentée à l'esprit d'aucun fils d'Adam?

Cette concordance serait aussi extraordinaire que

si deux ballons, lancés à la fois de deux points éloignés, allaient se rencontrer au milieu des airs.

L'abbé Nollet reçut ces communications avec une
mauvaise humeur qu'il ne chercha point à dissimuler.
Il s'exclame contre l'audace de cet Anglais né en Pen-
sylvanie, « qui *ose* prétendre *que des verges de fer
suspendues au-dessous d'un nuage orageux tire-
raient à elles la matière de la Foudre et la feraient
passer sans éclat, sans danger, dans le corps immense de la terre.* »

« La plupart de ceux qui furent témoins des
expériences de Dalibard et Romas crurent que les
fluides du ciel seraient désormais en la puissance des
hommes, et que pour se garantir du tonnerre, il suffirait de dresser des pointes sur le sommet des édifices.
Quelques personnes assuraient d'un ton sincère qu'on
pourrait se défendre contre la nuée en mettant à la
main son épée. Les gens d'église, qui n'en portent pas,
commençaient à se plaindre de n'avoir pas cet avan-
tage ; mais on leur a montré dans le livre de M. Franklin, qui était comme l'évangile du jour, qu'on pouvait
suppléer au pouvoir des pointes en laissant bien
mouiller ses habits ».

Les premières expériences relatées dans les Mémoires
de l'Académie des sciences datent de 1752. Cependant c'est seulement en 1784 que le premier paratonnerre fut placé sur un édifice français. Ce résultat
fut dû aux incessantes réclamations de l'horloger
Leroy, membre de la célèbre compagnie, qui s'était
fait une spécialité de la propagande de ces appareils.
La théorie était admise par tous les physiciens, la démonstration était donnée dans tous les cours. Cepen-

dant le gouvernement et l'Académie hésitaient encore!

Nous célébrons à notre manière, le mieux possible, ce centenaire en publiant une nouvelle édition améliorée de notre petit ouvrage! Puissent ceux qui nous lisent réfléchir en ce moment sur la puissance de la routine dans le pays le plus intelligent du monde, et comprendre par conséquent l'étendue du devoir qu'impose un véritable amour du progrès.

C'est à Louis XVI que revient l'honneur d'avoir im-

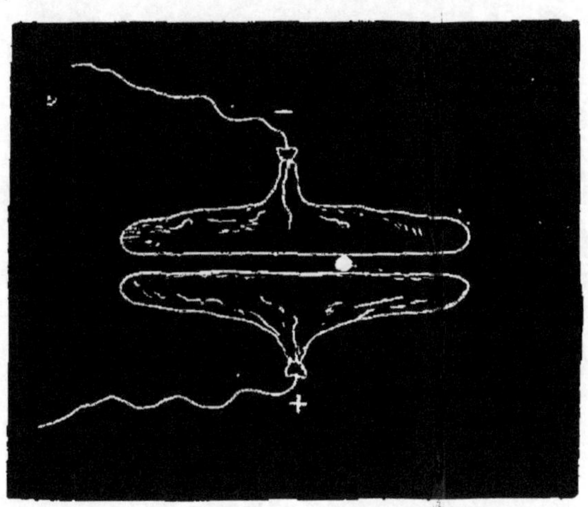

Fig. 51. Figure théorique montrant la boule de feu de M. Planté circulant entre deux masses de papier humide représentant deux masses.

posé cette innovation à l'Académie. Il déclara que sa volonté était qu'un paratonnerre protégeât le palais du Louvre, où elle tenait alors ses séances! N'oublions pas de rapprocher de cette glorieuse initiative d'un monarque éclairé l'entêtement méprisable de ce Frédéric que l'on nomme le Grand.

Les discussions relatives à l'efficacité des paratonnerres étaient si violentes, que des ennemis de la *verge hérétique* (c'est le nom qu'ils lui donnaient) assignèrent un propriétaire qui en avait garni sa maison devant le présidial d'Arras, et osèrent en demander la démolition.

Le jeune avocat qui plaida en faveur des paratonnerres, en était à sa première cause. Il sortait du collège Louis-le-Grand et se nommait M. de Robespierre.

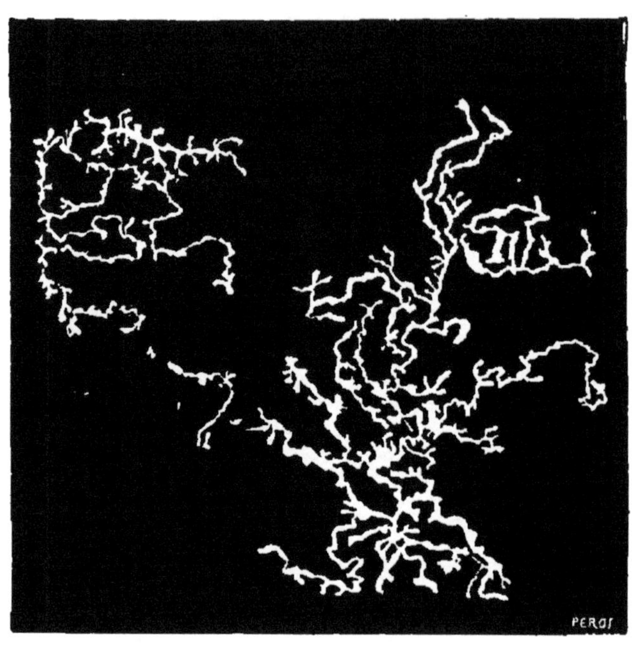

Fig. 52. Fac-similé du sillon que la boule de feu de M. Planté a tracé sur la feuille d'un condensateur à lame de mica, l'expérience étant disposée ainsi que l'indiquent les diagrammes ci-contre. — Gravures extraites des *Recherches sur l'électricité* de M. Gaston Planté.

Ses premiers succès furent applaudis au château des Tuileries par de royales mains !

A partir de ce moment les constructions de paratonnerres se multiplièrent et les ennemis de Franklin furent vaincus. Quoique convertie par la force, l'académie montra de l'enthousiasme. Elle publia dans l'histoire annuelle de ses travaux un long rapport très bien fait, dont Arago tira parti pour la rédaction de *ses notices.*

Depuis 1784 jusqu'à 1825, les ingénieurs et les architectes furent abandonnés à leur seule inspiration. Était-ce une répulsion instinctive pour une partie de la science qui, étant encore à faire, met en évidence l'incertitude de notre physique? C'est ce que nous n'avons pas le temps d'examiner.

Toujours est-il que la rédaction d'une instruction nouvelle fut réclamée par le ministère libéral que la Restauration eut à cette époque. C'était à la suite de nombreuses fulgurations dont les édifices publics avaient été frappés.

On ne peut pas prétendre que l'instruction de 1823 ait fait avancer la science. Cependant elle fit grand bien à l'art de la construction des paratonnerres parce qu'elle fut répandue à confusion tant en France qu'à l'étranger. Elle servit aux ingénieurs de la marine pour protéger les navires à vapeur, aux officiers du génie pour écarter la foudre des poudrières. Enfin elle fut également employée par les architectes des bâtiments civils pour les édifices religieux, où le clergé n'aimait pas à voir les paratonnerres introduits, et qui, à cause des masses de fer qu'ils renferment, sont de tous les édifices ceux qui en ont le plus besoin.

On suivit à la lettre les prescriptions de l'Académie, surtout, dans les édifices publics; on se conforma aux règles qu'elle donna pour déterminer ce qu'on nomme le *Cône de protection.* Mais les édifices protégés reçurent un grand nombre de coups de foudre indi-

quant d'une façon trop claire que le système adopté
par l'Académie n'avait pas l'infaillibilité dont ses partisans le dotaient.

On peut dire que depuis le coup d'État de Louis XVI
les paratonnerres n'ont plus eu d'ennemis avoués, ni à
l'Académie des sciences de Paris, ni dans le gouvernement français, définitivement conquis à leur cause.
Les diverses instructions académiques sont devenues
le code des architectes français et étrangers. Si elles
sont obscures et en apparence contradictoires dans
quelques-unes de leurs parties, ce n'est pas que la
science ait manqué aux physiciens qui les ont rédigées, et qu'ils aient hésité sur les avis qu'ils devaient
émettre; mais ils n'ont pas toujours eu le courage mo-
ral nécessaire pour ne pas ménager les intérêts ou les
préjugés de personnages influents.

En outre, les paratonnerres, qui avaient été con-
struitsavec intelligence, n'ont pas été entretenus avec
un soin suffisant, les perd-fluides ont été rompus, les
tiges ont été coupées. Il en est résulté des accidents
nombreux, qui ont amené la création de la commission municipale des paratonnerres de Paris, et la mise
en adjudication de la pose des paratonnerres dans le
département de la Seine.

Cette commission n'a pas toujours compris d'une
façon bien nette la nature de ses devoirs et a rédigé
quelquefois des instructions contraires en quelques-
unes de leurs dispositions à celles de l'Académie. C'est
ainsi que nous l'avons vu interdire aux constructeurs
de souder leurs perd-fluides sur les conduits d'eau et
de gaz de la capitale.

On l'a vu également, par respect pour une tradition

peu raisonnable, persister à couronner tous les édifices publics de pointes gigantesques, même lorsque ces pointes étaient placées sur des parties entièrement métalliques[1].

Mais l'introduction des contrôleurs, et la discussion périodique du cahier des charges par des savants compétents, sont des résultats trop considérables pour que nous ne devions point nous féliciter d'avoir contribué à la création de cette commission par nos différentes publications.

Les recherches de M. Planté, exécutées avec sa machine rhéostatique et que nous avons dessinées dans les figures placées aux pages 292, 294 et 295, ont jeté un grand jour sur la théorie de la fulguration. Elles ont déjà contribué à la démonstration des idées développées plus haut. Elles serviront incontestablement de point de départ à une ère nouvelle dans laquelle l'art des physiciens ne se bornera pas à considérer la foudre comme un projectile dangereux contre lequel il suffit de savoir se protéger.

Nous ne pouvons entrer dans le détail dés précautions nécessaires pour la construction d'un paratonnerre irréprochable, c'est-à-dire qui mette d'une façon tout à fait infaillible l'habitant d'une maison à l'abri du feu du ciel. Mais d'après ce qui précède, il est clair que l'usage des pointes élevées ne saurait être recommandé, non pas qu'elles puissent nuire, mais parce que dans les circonstances les plus favorables elles

---

1. Nous trouvons dans un excellent travail de M. Grenet, auteur des *Paratonnerres pour tous*, d'excellentes indications sur les détails de la construction d'un paratonnerre parfaitement rationnel et au meilleur marché possible, et une critique fort bien faite de ces hésitations.

constituent une dépense inutile qui, si les communications avec le sol sont mauvaises peut même se changer en danger sérieux[1].

L'idée primitive de Franklin de désarmer les nuages en soutirant avec les pointes de fer les quantités d'électricité qu'ils renferment est manifestement aussi peu pratique que celle du philosophe Xantippe lorsqu'il avait parié de boire la mer, et l'illustre Américain n'a point d'esclave de son génie qui puisse pallier la faute qu'il a commise en attribuant cette portée chimérique à son admirable invention.

Mais en combinant le pouvoir des pointes avec la multiplication des descentes, et l'étendue du perd-fluide, on peut protéger à bon marché un espace quelconque d'une façon absolue et complète. Il suffit de faire avec soin une application absolue, rigoureuse, des principes que l'Académie des sciences a rendus obligatoires pour la protection des poudrières. En effet, malgré le développement pris par l'accumulation des matières explosives, on n'entend plus parler des catastrophes si nombreuses dont ces monuments ont été le centre dans le courant du siècle dernier.

Mais il y aura toujours des fulgurés; en effet, on ne peut couvrir la France d'assez de paratonnerres pour que tout coup de tonnerre trouve un écoulement possible vers le réservoir commun.

Les blessures provenant de la sidération sont tellement multiples qu'il ne faut pas songer à indiquer des procédés de traitement. Il est bon seulement de pré-

---

1. M. Grenet cite l'exemple de l'église de Belleville, foudroyée en 1884, quoique toutes les prescriptions fussent suivies, surtout, hélas! celle qui interdit de prendre comme perd-fluide les conduites d'eau et de gaz.

venir contre un préjugé très répandu et qui consiste à supposer que les effets de la catastrophe qui arrive avec une rapidité si formidable sont nécessairement de courte durée. Outre les cas que nous avons rapportés nous demanderons la permission d'insister sur un cas authentique qui prouve bien qu'il ne faut pas se hâter de désesperer des sidérés. M. Guyon donne, dans un article de la *Gazette des Hôpitaux*, année 1857, page 155, des détails sur la guérison d'un matelot Chesnes qui fut foudroyé avec quelques-uns de ses camarades à bord de la *Félicité*, et qui ne revint à lui qu'après quarante-huit heures.

L'autopsie d'un grand nombre de sidérés, tels que celle de deux soldats tués par la foudre au pont de Kehl, en 1865, prouve que la mort est produite souvent par simple asphyxie ou impossibilité de respirer. Lorsqu'il n'y a pas de lésion apparente on peut donc espérer rappeler la vie par les procédés qui ramènent la respiration chez les noyés. Au nombre de ces moyens peut évidemment figurer l'emploi d'une machine magnéto-électrique, pour déterminer artificiellement les mouvements d'inspiration et d'expiration.

Lorsque des personnes se voient surprises par un orage il est à présumer qu'elles iront se réfugier sous des arbres pour éviter la pluie. Dans ce cas nous les engageons à ne jamais perdre de vue qu'elles bravent le danger d'être foudroyées.

Si elles portent des instruments ou des outils, elles feront très bien de les déposer à terre loin d'elles. Elles devront chercher les arbres les moins élevés et se placer autant que possible sous des arbres différents, afin d'éviter les agglomérations, au risque de ne pouvoir entamer des conversations qui, nous le savons par expérience, peuvent avoir quelque attrait.

Il est bon de ne pas oublier que le nombre de secondes qui s'écoule entre l'éclair et le coup de tonnerre indique le nombre de *mille pieds* qui séparent du point où la foudre a touché la terre. Le nombre de secondes que durent les roulements du tonnerre, donne également en milliers de pieds la longueur approximative du trajet de l'étincelle électrique.

Si les éclairs éclatent pendant une nuit noire, on aura une preuve facile de la faible durée de l'illumination. En effet, les roues des voitures et même des wagons de chemin de fer paraîtrout parfaitement immobiles. Il est probable qu'on verrait un boulet de canon ou une balle voyager dans l'air et voler vers sa destination.

Enfin, on peut admettre en principe que jamais personne n'a entendu le tonnerre accompagnant le coup de foudre dont il a été frappé. Quelque près que la victime se trouve de l'endroit où la foudre éclate, le coup va toujours plus vite que le son[1].

Nous engageons à noter la couleur de la flamme, sa forme, ses ramifications, et de ne jamais négliger d'observer les fulgurites ou les traces accessoires laissées par le fluide sur les objets matériels[2].

---

1. Dans quelques pays, où les tremblements de terre sont accompagnés d'orage, on a souvent quelque mal à distinguer le bruit des coups de foudre de celui des grondements souterrains. Arago en donne une preuve remarquable. Il raconte que dans une ville du centre Amérique, on célèbre la *messe del Ruido* en mémoire de prétendus coups de foudre, qui n'étaient que les grondements de la terre en tremblement.

2. Autrefois on croyait que les aérolithes étaient produits par la foudre. Un des premiers rapports sur cet objet, publié dans les mémoires de

Il n'est pas hors de propos, non plus, de chercher à se rendre compte de l'espèce de périodicité des orages de foudre, qui reviennent souvent deux, trois ou quatre fois, avec des intervalles de vingt cinq heures comme. s'ils étaient réglés sur le passage de la lune au méridien, etc., etc., de l'influence que les orages peuvent avoir sur la santé publique[1].

Est-ce à dire que les études sur la foudre soient terminées? En aucune façon car il reste encore à se rendre compte de ses propriétés physiques, de son rôle dans l'économie du système du monde, des sources dont elle provient, et enfin d'un problème intéressant à une époque où l'on entrevoit déjà l'épuisement inévitable des mines de charbon. Il s'agit de savoir si cette force naturelle, immense, inépuisable, en quelque sorte infinie puisqu'elle se régénère incessamment, est du genre de celles qui se laissent dompter, et si les prophètes que la Bible nous représente comme ayant le secret d'attirer le feu du ciel sur leurs autels, ne symbolisent pas une des plus précieuses conquêtes de l'humanité civilisée.

l'Académie des sciences, arrive à la singulière conclusion, qu'il ne tombe du ciel que celles que la foudre a fabriquées. Mais est-il sûr que jamais cette circonstance ne se produise? C'est une question que nous avons déjà posée plus haut.

1. Plusieurs nosologistes ont prétendu que le choléra s'était développé dans différentes villes importantes après le déchaînement d'orages considérables. Si le fait était démontré, faudrait-il l'attribuer à une influence électrique produisant quelque disposition morbide sur les êtres vivants, à la présence de microbes ayant voyagé avec le vent? Par les raisons données plus haut nous croyons plutôt que les orages purifient l'air.

EXPÉRIENCES ET PROJETS SINGULIERS

Comme nous l'avons indiqué plus haut, Arago a préconisé l'usage des ballons captifs à pointe de fer qu'on lancerait dans l'atmosphère afin de désarmer les nuages.

Dupuis-Delcourt, qui a essayé de donner une forme pratique à cette proposition, donné à l'appui de sa thèse de très curieux détails sur des expériences de ce genre qui auraient occupé le célèbre électricien Charles, l'inventeur des ballons à gaz, pendant la dernière partie de sa vie. Nous trouvons dans le Bulletin n° 2 de la Société aérostatique et météorologique de France, page 84 (janvier 1885), le passage suivant :

« Après son expérience du 1ᵉʳ décembre 1783, devenue le type de toutes celles qui ont été répétées à l'infini dans les deux mondes, Charles, qui avait partagé avec Robert jeune la gloire d'avoir exploré les airs avec un ballon à gaz hydrogène, se retira presque aussitôt à la campagne pour se livrer isolément à ses études. Chose incroyable ! Pendant tout le courant d'une longue existence, puisqu'il mourut en 1822, environ quarante années après, il ne remonta jamais dans les airs. Bien des suppositions gratuites, des raisonnements divers ont été faits alors et depuis sur cette circonstance de la vie de Charles. Pourquoi cet ostracisme ? Comment avait-il renoncé à une carrière si brillamment ouverte par lui ?

« Quoi qu'il en soit, Charles retiré à Quigne près Travers, et Beaugency (Loiret) s'est livré dans ce lieu pendant plusieurs années à de curieuses expériences sur les gaz, et principalement sur cette question soulevée dès l'origine de l'aérostation, et qu'on avait essayé de faire briller comme un épouvantail aux yeux des premiers aéronautes : « *Un ballon rempli du gaz hydrogène et voyageant*

*dans l'air, exposé à s'y trouver dans toutes les conditions atmo-
sphériques, n'aurait-il rien à craindre de la foudre? L'orage,
l'étincelle électrique ne pourraient-ils pas enflammer cette masse
gazeuse, et dans les circonstances ordinaires ne devrait-on pas
craindre l'explosion?* On raisonnait ainsi à perte de vüe.

« Charles se livrait, à Quigne, à des expériences comme il savait
les faire. A l'aide d'un cerf-volant armé de pointes, il soulevait des
nuages le fluide électrique; l'extrémité du conducteur traversait
un ballon de quelques mètres de diamètre, et de ce ballon il faisait jaillir l'étincelle. Aucune inflammation n'avait lieu et ne pouvait avoir lieu. »

Nous craignons fort que Dupuis-Delcourt ne se soit
bien hasardé en niant la possibilité d'une catastrophe, et nous pensons qu'il ne serait pas superflu de
recommencer les expériences sur une échelle suffisante
avant de se prononcer.

En effet il serait très important, pour l'avenir des
ballons captifs permanents, de savoir comment ces
appareils, auxquels on peut donner des proportions
colossales, peuvent être protégés contre la foudre.

Aucun de ceux que Henry Giffard a construits à
l'exposition de 1867, à Londres en 1865 et dans la
cour des Tuileries en 1878 et 1879, n'a été victime
d'un accident de cette nature; mais il n'en a pas été
de même de l'aérostat captif construit par Eugène
Godard pour l'exposition de France en 1884.

En effet, il a été frappé par un rayon de foudre et
mis en flammes le jour même de l'inauguration du
chemin de fer de la Superga.

Au moment où cette catastrophe s'est produite, il
était à terre, sur ses amarres. La combustion fut si
rapide que les personnes qui se trouvaient dans le
voisinage n'ont eu que le temps de se sauver. Les

personnes qui faisaient partie du train d'inauguration
ont aperçu une flamme immense dont l'éclat était tel
qu'ils ont tressailli à la distance immense où ils se
trouvaient[1].

L'électricité atmosphérique peut agir sur les
aérostats même libres dans l'espace, à l'aide d'attraction et de répulsion exercées à distance, soit par les
nuages, soit par le sol lui-même. Il serait possible
d'expliquer de la sorte, certaines chutes soudaines qui
se produisent lorsqu'un aérostat est en bonne marche
horizontale. On observe presque toujours des *précipi-
tations* de ce genre lorsque l'on passe même à grande
distance au-dessus d'un bois. On dirait que l'électri-
tricité positive dont l'aérostat est chargé, se trouve
soutirée par les arbres, et que la répulsion existant
entre le sol et le véhicule aérien se trouvant sup-
primée, celui-ci obéit mieux à la gravitation.

D'autres fois, l'aérostat semble rebelle à la soupape, et ce n'est pas sans peine que l'on se dirige
vers le sol. C'est après des pertes[2] multiples de gaz
que l'aérostat quitte sa couche d'équilibre, mais alors
il le fait avec une irrésistible impétuosité.

J'ai observé ces effets d'une façon très nette dans
mon ballon du siège : l'*Égalité* ne voulait pas des-

---

1. A côté de l'arène des ascensions captives, j'ai remarqué un kios-
que couvert de zinc et qui dominait le ballon lors qu'il se trouvait amarré. N'est-ce point ce bâtiment fort élevé, et dont les communications avec la terre étaient très mauvaises, qui avait provoqué
la catastrophe?

2. Il ne faut pas cacher que tous ces effets peuvent s'expliquer
d'une manière tout à fait différente et que, par conséquent, il ne faut
pas se prononcer sur leur cause réelle avant de plus amples informa-
tions.

cendre quoique j'eusse ouvert la soupape à différentes reprises, mais une fois que je l'ai eu décidé à quitter ces hautes régions, il est tombé comme un plomb.

Je dois ajouter que nous étions parvenus dans la zone des nuages, à environ 3000 mètres du sol. Il régnait à la surface de la terre une véritable tempête, puisque nous avons parcouru plus de 400 kilomètres à vol d'oiseau en trois heures de voyage.

Les nuages, placés un peu au-dessus de nous, devaient être fortement électrisés, et il n'y a rien d'étonnant à ce qu'ils aient maintenu un globe de 14 mètres de diamètre avec une force très énergique, puisque chacun connaît la manière dont ils agissent sur de simples grêlons.

Un personnage qui est doué d'une imagination très vive, et devant qui je parlais de ce qui s'était passé, me proposait d'emporter dans les airs une machine électrique à roue de verre, et d'électriser l'aérostat afin de voir si j'arriverais de la sorte à le faire monter ou descendre[1].

1. L'expérience ne serait pas impossible à tenter ; mais elle serait probablement dangereuse, à cause des étincelles qu'elle pourrait provoquer si la machine électrique était assez forte. Ce moyen de monter ou descendre sans user son gaz et son lest ne serait pas sans offrir d'inconvénients. Mais elle ne serait pas plus étrange que d'autres expériences auxquels les aérostats ont déjà servi. En voici un exemple : Dans son voyage du 25 juillet 1852, M. Jules Rovère a essayé d'étudier les effets du magnétisme animal dans l'atmosphère (voir le numéro d'octobre 1842 du *Bulletin de la société aérostatique et météorologique de France*.) Il a pu constater : 1º que la puissance de l'opérateur, loin d'être diminuée en s'élevant dans les airs, reçoit un surcroît d'intensité (on s'endort tout seul !) ; 2º que le sommeil est d'autant plus aisément provoqué que l'on se trouve à une distance plus grande du sol. (Le seul inconvénient est de ne plus se réveiller, comme Sivel et Crocé-Spinelli). etc., etc. M. Rovère était parti de Paris, à 5 heures 10, dans le ballon *l'Aigle*, conduit par Toutain ; il avait avec lui Mlle Désirée

Je répondis à cet ingénieux personnage qu'il fallait commencer par faire ces expériences à terre, où elles réussissent très bien, et je lui en racontai deux exemples.

En 1784, Van Marum, célèbre physicien hollandais, qui fut le premier directeur du musée de la fondation Tyeler à Harlem, fit construire une grande machine électrique à l'aide de laquelle il constata que des ballons électrisés acquéraient une force ascensionnelle supplémentaire.

Van Marum suppose que, recevant ainsi un surcroît d'électrisation, les molécules du gaz s'écartent de sorte que le volume du ballon augmente.

Tel n'est pas l'avis de M. Mascart, qui croit que l'effet est produit par l'action des parois de la salle d'expériences, qui, recevant une électricité de sens contraire, attirent le ballon. Il exécuta l'expérience avec grand succès dans une conférence qu'il donna à la Sorbonne, devant l'Association scientifique de France, il y a deux ans.

L'idée d'utiliser l'électricité atmosphérique a été reprise l'année même de la mort d'Arago, par M. Vion, ingénieur, qui a pris à ce sujet un brevet d'invention, et qui, si nous en jugeons d'après une brochure que nous avons pu lire, est parvenu à former une société en commandite dans le but d'exploiter son idée. Malheureusement, nous ne pensons pas que des expériences aient pu être organisées et que le mérite de sa combinaison ait été soumis au moindre contrôle.

Puchoi (de Saint-Omer). Il est parvenu à une hauteur de 3850 mètres. La descente a eu lieu près de Dammarlin cinquante minutes après le départ.

M. Vion ne se bornait pas à employer les ballons captifs, car il avait surtout en vue l'établissement de grands paratonnerres sur les montagnes. Ces paratonnerres devaient être mis en communication par des conducteurs avec des systèmes de *perd-fluide* qui devaient être plongés dans le fond des mers.

Il est bon de remarquer que ces conducteurs ne sont pas sans analogie avec ceux dont on conseille l'usage pour le transport de la force à distance, mais quelque considérable que soit la tension de l'électricité dont les inventeurs font usage lorsqu'elle est produite par des machines dynamiques, elle est loin d'atteindre celle des fluides naturels. Cette circonstance sera certainement un des principaux obstacles au système de M. Vion ou à toute combinaison analogue.

L'AVENIR DE L'ÉTUDE DE LA FOUDRE

Malgré le peu d'esprit pratique dont l'auteur a fait preuve, dans la rédaction de ses brevets, on ne peut lui méconnaître le mérite d'avoir mis au monde un travail possédant un véritable intérêt théorique, et d'avoir soulevé une question dont s'occuperont plus d'une fois les savants.

Nous ne devons pas nous étonner que cette conception ait glissé inapperçue, et qu'elle n'ait provoqué que peu d'efforts matériels. En effet, elle s'est produite au milieu du règne de la vapeur, à une époque où l'on n'avait pas remarqué que la masse de végétaux ligneux enfouis dans le sein de la terre est limitée et qu'elle ne saurait indéfiniment suffire aux besoins croissants de la civilisation, qui se développait en progression géométrique. On venait en outre de découvrir dans le nouveau monde et sur les bords de la Caspienne des fontaines d'huile minérale. .

Mais comme on a reconnu depuis lors que les dépôts naturels vont en s'épuisant et qu'il n'y en aura plus dans un petit nombre de siècles, il est incontestable qu'on devra prêter une attention de plus en plus soutenue à l'utilisation des forces naturelles, auxquelles les hommes de l'avenir devront avoir recours à une époque qui n'est point indéfiniment éloignée.

Il est certain qu'une puissance aussi considérable que celle qui donne lieu aux phénomènes de la foudre deviendra un jour ou l'autre l'objet d'études plus sérieuses que celles qui ont eu lieu jusqu'à ce jour.

Il ne serait pas étonnant qu'on la trouvât plus facile à capter que la force motrice du vent ou celle des marées et des chutes d'eau.

Évidemment, comme nous l'avons déjà dit, et comme on ne saurait trop le répéter, la victoire de la science humaine ne sera complète que lorsque l'homme aura mis à son service, la puissance qui l'a fait si longtemps trembler.

On aurait peut-être quelques raisons pour supposer que l'ère des paratonnerres n'est qu'une époque de transition entre l'ignorance des anciens temps et la science de l'avenir?

Mais n'est-il pas inutile et dangereux de spéculer sur les développements que cette intéressante partie de l'électricité est appelée à recevoir? En effet, l'histoire du progrès nous montre que les découvertes les plus merveilleuses, les plus utiles sont précisément celles qui arrivent comme un coup de foudre dans un ciel serein, qui n'ont été ni pressenties ni prédites.

En voyant que les écrivains les plus perspicaces ne sont jamais parvenus à jouer le rôle de prophètes en matière scientifique, nous nous contenterons d'engager nos concitoyens à étudier les merveilleux phénomènes dont nous n'avons pu tracer qu'un tableau bien incomplet, et qui demanderait pour être décrit dignement la plume d'un poète autant que celle d'un physicien.

Nous n'avons pu nous empêcher d'émettre un certain nombre d'idées théoriques auxquelles des faits nouveaux viendront peut-être donner des démentis inattendus. Mais nous nous consolerons de ne pas avoir vu plus juste, en songeant que ce petit volume n'aura pas été inutile au recueil des études dont la foudre est devenue l'objet dans ces dernières années. N'était-il pas déplorable de voir que l'amour de la science n'avait pas la même puissance que la superstition des Grecs et des Romains, et que les fulgurations cessaient d'être observés depuis que les hommes avaient cessé de les craindre!

Nous espérons que lors de la publication de la prochaine édition, cet ouvrage pourra renfermer le résultat d'observations recueillies d'une façon systématique, commentées d'une façon rigoureuse. Qui sait si de courageux observateurs n'iront pas les recueillir jusque dans la région des nuages à l'aide d'instruments dont nous avons indiqués plus haut le principe, mais qu'il n'est point encore temps de décrire.

Notre vœu le plus cher sera rempli si l'art de Charles et de Montgolfier sert bientôt à transporter de vaillants électriciens français, pour sonder les secrets des aurores boréales, des orages et des tempêtes. Peut-être arriveront-ils ainsi à arracher à la nature le secret de la prévision du temps, qui permettrait de réaliser la conquête de l'air, bien plus sûrement qu'avec des moteurs impuissants pour lutter contre les ouragans.

Les phénomènes de la foudre sont en quelque sorte le premier anneau de la chaîne immense qui rattache le ciel à la terre, que, suivant une légende à laquelle Platon fait allusion, filaient les trois sœurs dont une était assise sur la terre, dont la seconde habitait la lune et dont la troisième avait son trône dans le soleil.

C'est en effet, l'action la plus habituelle des forces inconnues qui nous dominent et qui nous entourent, de sorte qu'en les observant avec soin nous pouvons espérer remonter très haut dans l'échelle infinie des causes secondes.

Ces phénomènes se produisent également sur une échelle si splendide, et avec un cortège de circonstances si grandioses, que l'orgueil du faux savant se trouve ébranlé, et qu'il comprend involontairement que le monde n'est pas le résultat du hasard, mais l'œuvre d'une cause intelligente source de toute vie, de toute justice et de toute lumière.

FIN

TABLE DES GRAVURES

FIN DE LA TABLE DES GRAVURES.

TABLE DES MATIÈRES

FIN DE LA TABLE DES MATIÈRES.

11 982. — Imprimerie A. Lahure, rue de Fleurus, 9, à Paris.